U0002512

端粒酶革命

扭轉老化的關鍵

THE TELOMERASE REVOLUTION

麥可‧佛賽爾 Michael Fossel / 著　　筆鹿工作室 / 譯

接納邏輯與數據的人們，
如同你們接納世界的態度，
別人也將接納你們；
受到老化與痛苦折磨的人們，
別人告訴你，他們無能為力；
他們錯了。

目錄

老化的介入醫療革命

國立清華大學生命科學系助理教授／

泛科學專欄作者　黃貞祥

《論語‧述而十九》：葉公問孔子於子路，子路不對。子曰：「女奚不曰，其為人也，發憤忘食，樂以忘憂，不知老之將至云爾。」

孔子發憤用功到忘記吃飯，內心快樂到把一切煩惱憂慮都忘了，連自己快要衰老了都不知道，這是人生頗高的境界吧？不過矛盾的是，能「發憤忘食，樂以忘憂」的人，更不想老之將至吧？否則生不如死的人生，何必長生不老呢？

美國政治家富蘭克林曾有名言：「人生唯一確定的事就是死亡與繳稅。」這句話一點也沒錯，不過現在有很多富人懂得如何不繳稅，所以話也只說對一半。然而最公平的是，人生唯一確定的事只剩死亡了，無論貧富人人平等。

老死對人而言，似乎是再正常不過的，然而再仔細探究，死亡前不見得要先老去，因為並非所有動物都會有老化的現象。咦，那麼牠們莫非長生不死？非也，想找死難道還得先老去嗎？傳染病、意外、獵殺等等都和老化無關。像鱷魚、烏龜、鸚鵡等等都是老化不明顯的動物。在人為飼養的情況下，金剛鸚鵡活得比主人長壽許多已非新聞，因此有些飼主在逝世前立遺囑成立基金會，讓身後寵物鸚鵡仍能夠獲得妥善照料。

　　但是人類嘛，要區分老年人和中年人，其實一點也不難。不管妝化得多少，肉毒桿菌照三餐打，都難掩老態龍鍾的模樣。說穿了，很多醫美行為，不過就是騙人騙己而已。

　　老化，有太多太多表觀和生理解剖上的變化，是個複雜的行為。在動物實驗中，我們怎麼知曉牠們是否有老化現象，或者一些內外在因素如何影響老化呢？最簡單的方式，是去看看牠們隨著時間，在死亡率上的變化。那些沒有明顯老化現象的動物，隨著年齡增長，牠們的死亡率並不會像有老化現像的動物，有大幅的上升。老化，簡單來說，是一連串複雜的身體變化，讓人的死亡率上升，也就是說，老年人的生存率大不如年輕人，這是衰老必然的結果。

　　既然老化不是動物界裡普遍的現象，那為何我們人類這麼倒楣呢？探討這個問題，可能得再寫一本書，不過對本書的讀者而言，我們更關注的問題是，我們真的能夠避免老化嗎？老化確實影響了生活品質！現代社會裡，有不少人在退休後，仍然有廿卅年的日子要過，這段時間都能讓一個嬰兒長成大人了。而社會的高齡化帶來的眾多問題，對大部分先進富裕國家來說，是不願面對但不得不面對的問題。

　　解釋老化的生物學原因，有許多五花八門的理論，本書作者麥可‧佛賽爾（Michael Fossel）主張的，是一個更簡易但也常被人誤會的理論，也就是端粒理論，他用很清晰明了的方式解說為何身體的老化來自細胞的老化。作者大膽地提出，端粒隨著時間的縮短，是造成細胞老化的主因，並不厭其煩地從頭到尾一再強調這點。

　　科學上，端粒縮短和細胞老化即使有關聯，也無法說明其中因果關係，因為端粒縮短也有可能是細胞老化產生的結果，而非造成細胞老化的主因。這個理論，比較有利的證據是來自遺傳疾病。對遺傳學家來說，要瞭解一個東西的功能為何，最直接的方式是把它搞壞，然後看看會發生啥事。一般上，我們當然只能人道地利用動物來動手做把東西搞壞的實驗，但是幸運也是不幸的，人類族群裡總會有少數個體，天生就帶有一些突變，意外地把一些遺傳物質搞壞。

　　著名的遺傳性疾病「早衰症」，罹患者的端粒結構長度比同年齡正常人短很多，顯示出端粒結構在細胞裡的耗損但不能補充，的確可能是造成老化的重要原因。然而，端粒如果只是保護染色體兩端的基因不會受到損害，那麼為何單單端粒的縮短，就會造成細胞的老化？一般過去的認知是，端粒該耗損殆盡，才會有惡性的影響才對呀。

　　其實，近年也發現端粒不僅有保護染色體完整性的功能而已，端粒DNA也有複雜的立體結構，並且也和基因體穩定性有關，也會影響基因表現。縮短的端粒究竟為何會影響基因體穩定性和基因表現，還有待更多研究來釐清。不過對身為醫師出身的作者，基礎生物學上的原因未明，並不影響他主張用端粒酶來治療老化的主張。

　　他一再強調，老化不是個我們該被動接受的自然現象，現在有許多內外科可以有效治癒的疾病，過去很長的歷史中，也被視作自然現象。他不斷大力疾呼學界和大眾，我們是時候該歷經一場典範轉移了，把老化當作該被介入性治療的疾病吧！

在我們許多人來說，把老化當疾病來積極介入治療，最主要目的當然不是不死，老化不明顯的動物也不免一死，但是只要能改善我們年老後的健康狀況，那無疑是醫學史上最大功德一件。不過身為科學工作者，我不免俗地用比較保守謹慎的方式看待作者呼籲用端粒酶治療老化的主張。醫學當然是科學的，可是醫學家和科學家最大的不同，是前者可以接受知其然、不知其所以然，科學家比較難接受，因為我們的訓練就是要知其所以然。

醫學家和科學家也該是互補的，有許多療治和藥物問世時，其作用機轉原理完全是黑箱。所以作者大力提倡儘早進行端粒酶治療的臨床實驗，並非無的放矢。然而對他認為「端粒縮短究竟如何造成細胞老化的細節不重要」（或至少他可以不需要知道），我個人是有意見的。

現代醫學的進步，尤其是這十幾廿年來，許多疾病的新藥問世，很多是基於理性藥物設計（rational drug design），也就是立足在清楚疾病在細胞和分子層次的機制上，針對出狀況的分子進行藥物設計，許多近年問世的癌症標靶藥，已造福了廣大的病患。因此，在治療老化這個疾病上，更多基礎生命科學的研究，肯定都是有必要的。

事實上，在這本書的中文版剛要出版前，生物醫學領域正好有個重大突破！科學家在一篇發表在頂尖學術期刊《細胞》（Cell）的論文中[1]，報告了他們在早衰的老鼠活體內表現了四個和幹細胞重新編程有關的基因，居然成功地擦拭掉和細胞老化有

---

[1] Ocampo et al. In vivo amelioration of age-associated hallmarks by partial reprogramming. Cell, 2016 DOI: 10.1016/j.cell.2016.11.052

關的基因表現標記，讓早衰的老鼠的基因表現和身體狀況恢復成和正常老鼠差不多。這顯示，透過利用分子細胞生物學和表觀遺傳學的基礎知識，確實能夠讓科學家瞭解到細胞和分子的運作方式，從而設計出良好的介入治療方式。在未來，回春療法很可能不再是科幻情節而已！

在寫這本書時，作者也未必預料到這個科學突破這麼快到來吧？他果然是位先知，能夠預料到不久的未來，我們確實有可能並且應該治療老化。這本書將會讓我們對人生中最重要的一個歷程，有了更清晰的瞭解，並且也在想法上有所啟發！

端粒老化理論時間表

1665 年： 虎克（Robert Hooke）發現，生物由細胞組成。

1889 年： 夏爾-愛德華・布朗-塞加爾（Charles-Édouard Brown-Séquard），內分泌學先驅，表示將動物睪丸組織萃取物（天竺鼠、狗、猴）注入人體，可使人重獲青春，延長生命。

1917 年： 亞歷克斯・卡雷爾（Alexis Carrel）開始進行 34 年的雞心臟細胞體外組織培養，證明分離的細胞可以長生不死。卡雷爾的研究成為科學典範，然而在 1961 年受到質疑與反證。

1930 年代： 塞爾・沃羅諾夫（Serge Voronoff）在人體內植入黑猩猩和猴子的睪丸和卵巢，作為抗老化治療。

1934 年： 康乃爾大學的瑪麗・高韋（Mary Crowell）與克萊夫・麥凱（Clive McCay），以嚴格限制卡路里的方式，延長實驗鼠生命。但迄今為止，此實驗尚未明確重現於人類或其他靈長類身上。

1938 年：　　　赫曼‧穆勒（Hermann Muller）發現端粒是位於染色體末端的結構。

1940 年：　　　芭芭拉‧麥可林托克（Barbara McClintock）描述端粒功能為保護染色體末端。後來她贏得諾貝爾獎。

1961 年：　　　雷納德‧海弗烈克（Leonard Hayflick）揭露卡雷爾實驗的處理程序失誤，導入了海弗烈克極限概念，顯示任何多細胞物種的細胞變得老化和不正常前，都有分裂次數的極限（例如，人類纖維母細胞為 40 次）。

1971 年：　　　俄國科學家阿列克謝‧歐洛尼可夫（Alexey Olovnikov）公開發表假說，認為海弗烈克極限的機制在於端粒的縮短。

1972 年：　　　德勒‧哈曼（Denham Harmon）發表粒線體自由基老化理論。

1990 年：　　　麥可‧威斯（Michael West）創設基龍（Geron）公司，目的是利用端粒研究，找到干擾老化進程的方法。

1992 年：　　　卡文‧哈雷（Calvin Harley）與同事發現，早老症患者（一種遺傳疾病，兒童平均約在 13 歲會死於老化）天生具有較短的端粒。

1993 年：　　　　麥可・佛賽爾（Michael Fossel）根據基龍公司的研究工作，開始撰寫第一本書《反轉人類老化》（*Reversing Human Aging*），講述關於老化如何以及為何發生的現行發展研究認識。1996 年出版。

1997—1998 年：經同儕審查的首篇文章發表在《美國醫學會期刊》（*Journal of the American Medical Association*）上，顯示可能運用端粒酶於治療老化相關疾病，由麥可・佛賽爾署名。

1999 年：　　　　基龍公司表示，端粒縮短不僅與細胞老化相關，細胞老化就是源自於端粒縮短，而使端粒增長可反轉細胞老化。

2000 年：　　　　基龍公司利用黃耆皂苷（astragalosides）作為端粒酶活化子（activators），已申請專利。

21 世紀初：　　　基龍公司和其他研究實驗室表示，延長端粒，不僅可反轉人體細胞老化，也可反轉人體組織老化。麗塔・艾弗羅斯（Rita Effros）主持加州大學洛杉磯分校的免疫老化和端粒酶活化子研究。

2002 年：　　　　基龍將端粒酶活化子對準癌症治療，進行藥物研發上市，將黃耆皂苷的營養醫學補充品權利售予 TA 科學（TA Sciences）公司。

2003 年：　　　新銳科學（Sierra Sciences）公司成立，開始研究篩選有潛能的端粒酶活化子。

2004 年：　　　牛津大學出版社出版教科書《細胞、老化，與人類疾病》（*Cells, Aging, and Human Disease*），作者為麥可・佛賽爾。

2005 年：　　　鳳凰生物分子（Phoenix Biomolecular）公司開始研究一種新技術，將端粒直接送入細胞。由於資金不足，計畫提早腰斬。

2006 年：　　　TA 科學首度開始銷售端粒酶活化劑的營養醫學補充品 TA-65。此補充品乃萃取自內蒙黃耆或膜莢黃耆（*Astragalus membranaceus*）。

2007 年：　　　端粒酶活化子首度進行人體實驗，TA 科學開始蒐集關於 TA-65 使用者的資料。

2009 年：　　　諾貝爾醫學獎頒發給伊麗莎白・布萊克本（Elizabeth Blackburn）、卡蘿（Carol Greider）・格雷德和傑克・蕭斯塔克（Jack Szostak），表揚他們的端粒酶學術研究。

2010 年代早期：有兩間公司成立，首度進行測量端粒長度，評估老化和疾病風險：端粒診斷公司（Telomere Diagnostics 前任基龍公司首席科學家卡文・哈雷所創立，位於加州門洛公園）和生命長度公司

（Life Length 由瑪麗亞・布拉斯科 Maria Blasco 所創立，位於西班牙馬德里）。

2011 年：　　榮恩・迪平荷（Ron DePinho）隨後在哈佛表示，一些基因改造動物能夠反轉老化。

2011 年：　　基龍公司將所有端粒酶活化子權利售予 TA 科學。

2012 年：　　瑪麗亞・布拉斯科在馬德里的西班牙國家癌症研究中心，對多動物物種進行實驗，反轉各種老化狀況。

2015 年：　　特絡細胞（Telocyte）公司成立，這是第一間致力於運用端粒酶基因治療阿茲海默症的生技公司。

序章

近年來，科學家在理解人類老化方面已有長足的進展。現今，老化研究上的醫學突破，將能減緩甚至扭轉老化過程，並治療多種老化相關疾病。

對此，我們應該要有所懷疑。畢竟幾百年來，各種江湖道士和夢想家，更不用說還有化妝品公司，都試圖提出解決老化的辦法。人類所面臨的挑戰是巨大的，然而一切還只是剛開始。

但如今，我們對於人類老化已經有了相當清楚的認識基礎，本書中，我們將探討這些細節。基於這樣的認識，我們進行了一些早期治療，並在改變老化過程中獲得了一些不錯的成果。這些治療成果相當具有可行性，促使我們即將展開人體實驗。

然而，一般大眾對這類研究大多無所知。在本書中，我會標示出重點，告訴大家截至目前為止的卓越突破，以及我們所達成的成就是什麼。我們需要改變對老化的認識。大家都知道，舊有模式一向消失得很慢，這情況往往令人覺得沮喪。

身為醫師，我一向強調臨床結果。當然，我們必需認識老化的性質，但目標不能只是放在認識老化，而是要發展技術，擴展生活，治療疾病，減少痛苦。

想要達成這一點，不僅需要基礎研究，也得要公司董事會有這個意願，因為他們控制了進行藥物開發和試驗的資金。我也將與大家分享一些內幕故事，像是如何在企業優先以及轉換過時典範下，取得進展的奮鬥過程。

我已參與老化研究三十多年，我的身份既是醫師，也是科學

研究人員。為了了解老化的根本原因，並開發可能改變老化過程的醫療方式，我夙夜匪懈，並投注大量時間，讓我的同儕研究人員了解此一領域的最新發展，同時我還兼任《抗老化醫學雜誌》（*Journal of Anti-Aging Medicine*）的編輯，以及牛津大學出版的教科書《細胞、老化與人類疾病》（*Cells, Aging, and Human Disease*）作者。

　　我在這本書中，嘗試向大眾公布最新的抗老化研究。我想各位會得到啟發，感到驚奇，最終亦將充滿希望。

第一章

X

老化理論

> 我不想因為我的作品而永垂不朽，我想要自己長生不老。
>
> ——伍迪·艾倫（Woody Allen）

距今大約七萬年前，第一個人類，也就是我們的直系祖先，面臨到必須與尼安德塔人和直立人競爭。這些競爭對手強壯、智力高，具有完整的語言能力，又能製作工具。我們相對體型較小，面對早期原始人類的直接競爭，幾乎沒有什麼生存可憑藉的優勢。然而我們卻有一個奇怪的主要優勢，雖然這個優勢第一眼看起來或許反而是缺點，亦即我們能夠思考和談論實際上並不存在的事物。

這一點造就了天差地別的差異。

就像是*明天*、*神*、*藝術*、*科學*、*夢想*和*同情*等抽象的想法，我們不能用矛來攻擊這些東西，也不能吃它們、偷走它們、打破它們、消滅它們。然而，這些東西不僅造就我們成為人類，奇怪的是，還讓我們成為適應良好的生存者。因此，我們不僅可以討論社會組織所需要的無形事物，如忠誠、合作和策略，還可以想像事物，*製作武器、工具，創建農業和法律*。

抽象思維和想像力等能力，是我們*創造力*的基礎。人類不僅創造了藝術和工具，也創造了各種理論，以宗教和科學解釋世界

如何運作，最終使我們能夠改變現實。科學進步直接取決於這個技能。我們建構了願景，使現實運作，檢驗我們的解釋，然後再拿來改善現實。科學理論便是如此：我們可以試驗現實的願景，再將試驗的結果用以改善我們的世界。我們治療疾病，種植糧食，漸漸使人類的生活更輕鬆、更安全。

人類是唯一可以這麼做的生物。這種抽象概念的思考能力，是其他動物所缺乏的，即使是黑猩猩和大猩猩等人類的近親也做不到。

我們之所以能運用理論來改善人類的生活，或推動夢想成為現實，關鍵就在於必須具有適當的工具，並能夠運用這些知識。我經常想成是要兼具船和地圖兩者。

有時候，船很簡單，但地圖很複雜。例如為了預防天花，我們可以用針尖感染牛痘，此時，船就很簡單。只要我們知道該怎

智勝大猩猩

可可是第一隻會用手語的大猩猩。牠三歲的時候，我每週有六個小時當牠的保姆，時間持續一年。可可認識一千個手語，善於發明遊戲。牠學會不咬我（但要我咬牠牠才會住手）；會把我的洗衣袋套在自己頭上，遮住身體，兩隻黑色毛茸茸的腿則會從洗衣袋中伸出來，然後躲在廚房流理台旁邊，突然跳出來追我。牠的「規則」是，要是牠能抓住我就能咬我。洗衣袋一直套在牠頭上，所以我看不見牠在咬我。但不知怎的，一個灰色的洗衣袋讓事情變得有所不同，牠創造出了一種新的遊戲方式可以和我一起玩。然而，雖然可可明顯比任何我所見過的其他動物要聰明得多，但牠卻未曾掌握人類思考和社會所需要的抽象概念。

麼做，預防天花就是這麼簡單，只要接種牛痘即可。但在知道該怎麼做之前，我們必須要有地圖；我們需要了解細菌、接種疫苗、天花與牛痘、感染等等。

　　本章要討論的是我們目前所了解的老化地圖。接下來我們將會看見，關於老化，我們一直沒有達成一個共識的地圖。我們會看到那是張變化萬千的地圖，以及為了解釋地圖而產生的各種衝突。現在，我們已經開始凝聚共識，形成一個真正可以解釋老化的地圖。至於改變老化所需要的工具——也就是船——經過五百年的變化，變得越來越精密複雜，近十年左右，更在臨床上取得了突破性的進展。

　　一開始，我們要來了解一些解釋老化的地圖，每張地圖都是部分為真，但沒有一張地圖能夠完全解開老化之謎。

老化的熵理論

　　首先，老化究竟算不算是待解決的問題甚至還沒有明確的結論。生物老化並不是特例。山脈、星系，甚至宇宙本身都會變老。事實上，熱力學第二定律指出，任何封閉系統的熵會一直增加，越來越混亂。這就是為什麼停了幾年的車子無法發動；山脈經過幾百萬年會變成塵土；五十億年後太陽就會變冷。萬事萬物都會老化。

　　生命取決於秩序、結構和組織。如果過於混亂，生命就無法繼續維持。所有奧秘的解答就在於生物老化，這來自於物質宇宙本質上的需求。

　　許多專門理論都是以熵的概念來解釋老化。這些理論認為，生命基本的損耗現象，已足夠解釋老化過程。

　　這些理論很多都是相同主題的不同變形。例如：交聯理論（cross-linkingtheory）認為，所有老化都是由於分子隨時間而聯結

在一起，干擾了正常功能。另一種類似的解釋則是將功能障礙的原因歸咎於糖化終產物（AGEs）──葡萄糖與蛋白質分子結合在一起──這些無用的廢棄產物累積後會造成功能喪失。

還有許多其他的解釋，將老化怪罪在各種廢棄產物上，例如許多老化細胞中都累積有一種脂色素質產物──脂褐素（lipofuscin）。

另一種特別具有說服力的理論是，把焦點放在活細胞中最關鍵的DNA分子，而非常規分子和酶的損害上。這種理論斷言，隨著時間經過，去氧核糖核酸會逐漸累積傷害，造成產生關鍵性蛋白質的能力降低，然後細胞的功能逐漸失調，老化隨之而來，終至細胞完全死亡。

所有這些理論都基於一個基本的真理：隨著時間經過，損害會增生。分子聯結，生成廢棄產物，DNA受損。但這些理論都低估了細胞再生的不可思議力量。儘管在宇宙射線、廢物累積、環境變化等影響下，一些細胞確實會老化、年久失修，然而還是有其他細胞保持完全的健康、活躍，具有無限的複製力。

地球數十億年來的生命都是以單細胞的形式呈現，這些單細胞的複製力可以說是沒有限期。關於這些細胞的老化方式，可以經過公開討論來辨明，但很顯然，每個細胞會複製週期，老細胞分裂成兩個子細胞，子細胞年輕又健康，時鐘重新歸零[1]。

生命以驚人的速度進行自我修復，替換零件。理論上，如果我們的愛車每年都替換部分零件，就可以開一輩子。接下來我們將會看見，單細胞生物便是這樣做。地球並非封閉系統，並不違反熵定律。地球一直沐浴在太陽的光線和能量中，太陽的核融合以驚人的高速產生熵，而生命的維持得倚賴太陽能，才能不斷繁衍。物理定律裡面並沒有一條寫著生物不能無限期地成長茁壯，

1　一些單細胞生物的分裂是不對稱的，在兩個子細胞中，一個完好，另一個則有些損傷，但主要論述並不會因此而被推翻，單細胞生物的確可以欣欣向榮繁衍數十億年，而且不老化。

但只要太陽依舊升起，生命就會一直延續下去。

簡言之，有一套理論試圖將老化歸因於熵，解釋老化的原因是損耗、廢棄產物。儘管這些理論都包含了一部分真相，卻沒有提供完整的解釋。一些細胞和生物的確遵循熵理論，但還是有例外，因此需要更深入的了解。

水母與不朽

除了單細胞生物，還有其他生物的健康生存能力是無限期的。有一種燈塔水母（Turritopsis dohrnii）現在稱為「不死水母」，顯然具有逆轉老化的能力。這種無脊椎動物可以顛倒生活史，恢復到單細胞的原生動物階段，就好像電影《班傑明的奇幻旅程》（*The Curious Case of Benjamin Button*）的主角，因此又名班傑明水母（Benjamin Button jellyfish）。不過不像班傑明，它又會開始老化，然後不斷重複反轉老化的步驟直到永遠，至少我們看來是如此。

如同一篇 1996 年提出的論文，作者說明這種現象，揭示了「動物界無與倫比的轉化潛力」[1]。後來在《紐約時報》（*The New York Times*）一篇文章中表示，此發現「似乎反擊了自然世界最基本的定律——你出生，然後死亡[2]。」

水螅屬動物似乎不會老化。龍蝦雖然不是永生不死，但隨著時間的經過，牠們依然會成長，生育能力也會增加，不會出現大多數多細胞生物的老化症狀。

水母和水螅對於老化的熵理論又揮出一記正拳。

---

[1] 請見 Piraino, S., Boero.F., Aeschbach, B., et al."Reversing the Life Cycle: Medusae Transforming into Polyps and Cell Transdifferentiation in Turritopsis Nutricula (Cnidaria,Hydrozoa)." *The Biological Bulletin* 190, no. 3 (1996): 302-12.

[2] 請見 Nathaniel Rich, "Can a Jellyfish Unlock the Secret of Immortality?" *New York Times*, November 28, 2012.

老化的生機論

我們「消耗了某些東西」，這種老化概念是過時的。在幾個世紀以前，這個概念稱為生機論（vitalism），甚至在早期古希臘作品中，包括亞里士多德、希波克拉提斯、蓋倫都曾提出這種說法。我們老化，是因為在我們體內賦予生機活力的某種東西漸漸消失，直到消耗殆盡，我們就會死亡，只剩下無生命的物質。

一般而言，這種解釋稱為「生命速率」假說（"rate of living" hypotheses），其中最常聽到的就是「心跳假說」：每種生物都有心跳數的限制，只要接近臨界值就會老化，到達極限就會死亡。這種假說部分說明了老化最明顯的分歧現象：每種生物的老化速率都不一樣。體型小的動物，由於心跳速率較快（或代謝率、呼吸率較快），會比大型動物更快老化。這種觀點認為，狗的老化比人類快，就是因為狗的心跳比較快。

這整個概念有各種不同的名稱，例如生命力量、生命衝動（élanvital Vital）、生命的火花，或是直接叫做靈魂，由於這些都不合邏輯，缺乏實驗支持（例如細胞沒有心跳），因此在二十世紀初期早已被科學所揚棄。但我之所以還在這裡繼續提這件事，是因為這整個概念，即老化是由於某些東西消耗或減少的結果，仍然以其他形式與我們共存於現代。

這個概念的核心錯誤就是將老化歸咎於心跳、粒線體、荷爾蒙等某些重要成分的減損或喪失，造成我們馬上想要追問某成分導致老化的原因是什麼。如果老化是由於粒線體隨著時間過程而產生的變化，那麼，是什麼原因導致這些變化？如果老化的原因在於心跳數是固定的，為什麼會有這個固定數字？如果老化是由於缺乏了某種關鍵內分泌腺所造成，那麼導致這個內分泌腺老化的原因又是什麼？

老化的荷爾蒙理論

　　缺乏荷爾蒙會導致老化，這種觀念依然相當普遍。最早我們可以追溯到中醫。在西方醫學，一八〇〇年代開始發展內分泌學（診斷和治療荷爾蒙相關領域的疾病）。內分泌學迅速成為主流科學，也被臨床醫學所接納。然而，雖然醫學快速進步，對於老化的研究卻是無憑無據的揣測妄想。

　　一些以性功能領域為主的研究最令人感到震驚。這些研究包括使用幼畜等動物的睪丸（或卵巢，但較少）讓病患服用，或移植、或萃取然後注入患者體內，有各種不同的治療方式。在此嶄新的內分泌學領域中，最引人注目的領袖，就是世界知名的夏爾-愛德華·布朗-塞加爾（Charles-Édouard Brown-Séquard）醫師，他於一九八〇年代在法國、英國和美國執業。他宣稱「吃下猴子的睪丸萃取物，可使性能力返老還童」。這讓我想起馬克·吐溫建議，我們應該在早餐活吞一隻青蛙，這樣接下來的一天就不會發生更糟糕的事情。不過與布朗-塞加爾的自我提昇術比較起來，顯然相形失色！

　　現實總是比小說還離奇，這種抗老化療法繼續發展，後來還用黑猩猩睪丸移植到人類的男性體內（女性則使用猴子卵巢）。在 1930 年代，塞爾·沃羅諾夫（Serge Voronoff）所提出的療法，在全球引起狂熱，造成法國政府不得不下令禁止在殖民地狩獵猴子，迫使沃羅諾夫只好自己繁殖猴子，用於此一目的。類似的手術治療在美國越來越普遍，有的還同時注射彩色水和移植山羊睪丸。

　　直到現在，一般人仍普遍相信睪固酮和雌激素能夠真正扭轉老化過程。在一定程度上，這樣的信念是來自於觀察所得，因為人類的荷爾蒙會隨著年齡而下降。對大多數男性來說，這種下降

是漸進的；而對大多數女性來說，由於有更年期，就會顯得特別明顯。

生長激素的價值

　　在一場召開於摩洛哥的老化研討會上，有人問我，利用生長激素來治療老化是否具有價值。我回答：「是的，當然，相當具有價值。不過價值不是在於購買生長激素，而是銷售生長激素。生長激素對於老化沒有任何幫助，但肯定有市場。」那間銷售生長激素的製藥公司之後就沒再邀請我。

　　這種普遍的假設（既然荷爾蒙量會隨著年齡下降，所以補充荷爾蒙會讓我年輕），不僅邏輯不通，也與醫療資料互相牴觸。宣稱荷爾蒙補充療法（HRT）可以使人年輕，與一個世紀以前那些使用猴子睪丸、犀牛角、彩色水，其實是一樣的。

　　荷爾蒙是否偶爾具有治療效果？是的。

　　荷爾蒙是否能減緩、停止或逆轉老化？不能。

粒線體或老化的自由基理論

　　關於老化，最廣為人知的說明，就是 1972 年德勒・哈曼（Denham Harmon）率先公布的粒線體自由基理論。自由基是人體自然的新陳代謝副產品，主要來自我們體內的粒線體。各位可能還記得高中生物裡面說，粒線體是細胞的「發電廠」，會產生大量能量，也如同強大的核反應爐，會產生相當的廢物。

　　人體燃燒代謝燃料（如葡萄糖）就會產生自由基，這種帶電分子會破壞其他分子。還好我們很幸運，絕大多數粒線體所產生

的自由基，會停留在粒線體附近，距離其他細胞中的重要分子很遠；而我們基因的 DNA 藏在細胞核中，距離也很遠，因此很安全。但還是有一些游走的自由基在我們的細胞中肆虐，破壞複雜的生物分子，如 DNA、細胞膜脂、重要的酶等。

自由基理論有很大的可信度。一些發生在老化細胞中最重要的變化，可直接指認為是自由基在細胞內所引起的傷害。隨著細胞老化，有四種與自由基相關的重要變化：生產、隔離、清除和修復。

第一個變化是產生的**自由基**會增加。年輕的粒線體會產生一些自由基和大量的能量，而老細胞產生的自由基和能量的比例較大。隨著產生越來越多的自由基，傷害會更多。

第二個變化是**隔離**（sequestration）。更多自由基會從粒線體逃逸到細胞其餘部分，甚至進入細胞核。發生原因在於構成粒線體的脂質壁隨著時間老化而變得比較脆弱。

自由基理論之父

德勒・哈曼不僅是「自由基理論之父」，也是第一位粒線體老化理論的提倡者，是一位非常了不起的人（他在 2014 年 11 月過世，這消息真令人悲傷）。他出生於 1916 年，距今超過一個世紀。完成博士學位以後，他對老化原因產生興趣，所以又回到史丹福大學，拿了醫學系 MD 學位，然後作了一輩子醫學系教授，想要理解和釐清人類的老化。在他的協助下，1970 年美國老化協會（AGE）成立。1985 年，他創立了國際生醫老年學會（IABG）。我兼任 AGE 和 IABG 兩個董事會的工作，經常看見德勒客氣又耐心地傾聽別人的論述好幾個小時（這些人的知識和智慧往往都比不上他）。德勒不知傲慢為何物，他體貼、和善，受人尊敬，也受到老化研究團體的尊敬和推崇。

　　第三個變化影響的是**清除**（scavenging）。在年輕細胞中，自由基清道夫（scavenger）會有效率地捕捉自由基。而老細胞生成的清道夫較少，因此存有較多自由基，造成較大傷害。

　　第四個變化是，老細胞對於自由基傷害的**修復能力**較差。因此，老化的細胞不僅產生較多自由基，隔離和清除的功能也較差，所以會有更多來自自由基的傷害，而且修復傷害的速度也較慢（在受損的DNA中，可見修復的速度下降；在其他所有的分子中，可見分子替換的速率下降）。

　　這些變化會造成一個惡性循環。由於產生、隔離、清除和修復這四個過程是連貫的，結果會造成老化細胞在各個層面都功能失調。

　　雖然這種如雪崩般的代謝性傷害是很有說服力的老化原因，但是用自由基理論來解釋老化，卻是一個不確定的結論。自由基理論有一定的依據，也受到大眾壓倒性的接受，但還是有一個主要的問題：自由基理論解釋了許多細胞老化的現象，卻無法解釋導致這些變化發生的理由。為何產生、隔離、清除和修復這四個過程會隨著我們老化而改變？還有，最初迅速引發代謝雪崩式傷害的關鍵究竟是什麼？

　　有些細胞，例如人類的生殖細胞並沒有這四個過程的變化，生命可以一直追溯到數十億年前。因此，自由基如何可以在短短幾年內造成人體一些細胞的永久性傷害，但對於生殖細胞或幾十億年來的單細胞生物卻沒有任何影響？

　　更重要的是，就算我們可以完全消除自由基，結果卻反而會造成災難。因為自由基可以幫助我們調節基因表現，並且殺死外來微生物，所以我們需要自由基才能生存。如果我們降低了健康細胞中的自由基濃度，基因表現圖譜就會改變，細胞的功能將無法發揮。例如，在細菌感染時，我們的免疫系統會使用高濃度自由基來攻擊外來入侵生物。自由基或許是老化過程一個很大的驅

動力，但對於人體正常生理機能來說，自由基不僅是我們正常所需，對人體也是有益的。

當我們試圖改變自由基，以進行老化介入性治療，最好的結果也很模棱兩可。某個實驗成果建議，我們可將自由基減少到最低程度，就能有效增加一些實驗動物的平均壽命，但無論我們如何處理自由基，都沒有證據顯示是否可以改變某個物種的最長壽命。

順道一提，關於氧化物和抗氧化物的討論也有類似的爭議。生物在消化過程中需要進行氧化作用。氧化是氧氣與分子作用的過程，反應結果形成二氧化碳和水，並釋放能量。有人相信氧化作用是導致老化的另一個原因，但現實情況更為複雜。沒有氧化作用，我們會活不下去（也不能沒有氧氣！）何況也沒有證據顯示抗氧化物對於老化過程會產生任何影響。但如果發生太多不受控制的氧化作用，肯定會引發問題，就像自由基一樣，但自由基的產生和氧化，都是人體新陳代謝作用所必需的，我們無法斷定其中任何一個是否真的會引發老化。

除非我們已經能夠完全預測粒線體、細胞和生物體之中，何者會發生老化、何者不會，否則我們不敢說已經解釋清楚老化過程。粒線體的自由基老化理論有很強的論述能力，卻沒有預測能力。

老化的營養理論

反駁大量老化營養理論的文章已經超出本書的範疇，但我可以在此根據最新的科學研究，提出一些基本原則。當然，有證據支持營養不良會導致疾病，良好的飲食則可以避免疾病，但即使是最完善的飲食，都沒有任何證據顯示能夠預防或逆轉老化。

營養的騙局

歷史上有許多人都秉持著正確飲食，活得健康長壽。例如，馬可‧孛羅曾經遇見印度瑜伽修行人，他們聲稱自己活了一兩百歲，只吃米飯、牛奶、硫黃和水銀（水銀？簡直極度令人懷疑他們的健康情況）。我們完全不清楚，究竟是馬可‧孛羅在自打嘴巴，還是他讓那些瑜伽修行人打他的嘴巴？無論是哪一種，歷史上都有數百個例子告訴我們，長壽不需要倚賴什麼特殊營養，只要心情樂觀輕鬆。

老化並非營養不良所造成的疾病，也無關乎我們吃多吃少、吃得好壞，無論我們怎麼操控營養，都無法停止或逆轉老化的發展。

但是在 1934 年，康乃爾大學的瑪麗‧高韋和克萊夫‧麥凱發現，透過嚴格限制熱量（Calorie Restriction），可以將實驗室老鼠的壽命延長為兩倍。關於人類或其他靈長類動物，還沒有建立這個實驗的確切資料，但是我們有理由相信，嚴格限制熱量，明顯有潛力能幫助人類延長壽命（即使結論是否定的，人們肯定也會因為節食而覺得度日如年，感覺上變長壽了）。

即便如此，也沒有證據顯示，限制攝取熱量可以停止或重設老化的進展。許多研究人員相信，事實上，限制熱量不是「實驗組」，而是「對照組」。他們指出，動物（以及人類）經過演化，已經能夠克服低熱量飲食。在自然環境中，熱量難以取得，我們的演化就是在沒有很多食物的情形下生存，如今面對現代社會，食物過剩成為我們的負擔，我們無法控制自己的食物攝取量。從這個觀點來看，重點不在於我們吃得少就可以活得長。在發達國

家中，人民的典型飲食就是吃速食、營養不均衡，攝取過多的空熱量。

老化的遺傳理論

　　從二十世紀後半期開始，世界流行以遺傳名詞解說老化，幾乎是排除了其他所有觀點。所以我們現在已經接受了一種概念，從心臟疾病到阿茲海默症的癡呆患者，從骨關節炎到老化，幾乎所有疾病都是由特定的基因所造成。雖然遺傳的解釋很有說服力，我們還是必須非常謹慎，因為有太多時候解說都不正確。

　　人們經常只是隨便假設基因是所有疾病的原因，包括老化。但關於「老化基因」卻有兩大問題。

　　第一個問題，大多遺傳性狀（如身高）、疾病（如動脈硬化），以及複雜的變化（如老化），無法歸因於單一基因或甚至少數幾個基因。當然，還有其他基因與這些基因相關，但單一或少數基因會**導致**任何一種複雜的症狀的概念經常是不太正確、欠缺周詳考慮的。以身高為例，我們知道有基因因子、環境因子、表觀遺傳（epigenetics）因子會決定我們最後的身材（表觀傳遺傳因子是可遺傳的特徵，但不是DNA序列的一部分）。並沒有什麼單一的「身高基因」來決定我們的身材。

　　第二個問題，基因表現（表觀遺傳）比基因本身更重要。我們把焦點狹隘地放在基因上，因此受到蒙蔽，看不見整體的重要性。例如在二十世紀初期，有一些遺傳生物學家相信，人們的腳趾和鼻子有完全不同的基因，但實際上剛好相反，人們身體每一部分的基因都是完全相同的。造成不同的細胞型態差異不是基因，而是基因表現的外遺傳模式。並沒有腳趾基因，只有腳趾的基因表現圖譜。在每個已知細胞或組織中，都可以找到一種獨特的基因表現圖譜。就像一個交響樂團，可以演奏莫扎特、藍調或Grateful Dead 樂團的迷幻搖滾；不是樂器不同，而是結果不同。奇怪的是，腳趾和鼻子細胞之間的差異，恰好就是年輕細胞和老細胞之間的差異：都具有相同的基因，但基因表現圖譜則不同。六歲的細胞和六十歲細胞之間的差異，不是在遺傳，而是在表觀遺傳。因此，追尋「老化基因」只是一場徒勞。

　　然而人們還是會經常鑑定「老化基因」，付諸努力，可惜卻得不到什麼洞見和認識。有些短命者的確是有一些共同的特殊基因或對偶基因[2]，而長壽者也有其他一些共同的基因或對偶基因，但因此就說這些基因是「老化基因」則只是誤導。

　　接下來我們會看見，在老化相關疾病上也出現同樣的困惑。我們每年都欣喜地辨識了一堆新的基因，以為這些基因是導致阿茲海默症或動脈硬化的原因。但一次又一次，研究資料顯示的只是具有關聯，並非因果關係，而且相關程度還很低。其中一個基因被認為有 1% 的可能是形成阿茲海默症的原因，另一個基因則是要為另外 2% 負責，還剩下很多病例不知道要歸咎於哪些基因。這好像是在說，有一天我們一定會找到剩下其他 97% 導致阿茲海默症的基因，剩下那背後的 97% 潛藏基因，需要投入更多研究經費。不過很不幸的是，找出阿茲海默症基因，就像是想要找到老化基因一樣徒勞。

　　問題不在於我們缺乏經費或研究人員，而是面對老化及老化相關疾病的基本過程，我們缺乏對這些基因所扮演角色的紮實研究（還有人體基因表現圖譜如何隨著老化而變化）。簡言之，這就好像那個故事，有個人晚上回家，在黑漆漆巷子裡掉了鑰匙，我們總是只在路燈底下看得見的地方尋找鑰匙，卻沒想到丟鑰匙的地方，其實是隔壁那條黑漆漆的巷子。在今日的科學氛圍下，

---

2 對偶基因是基因的替代形式。以眼睛顏色的基因來說，有些人可能有一個藍色的對偶基因或棕色的對偶基因。

我們尋找老化基因是因為基因容易辨識、說明，以及更容易取得經費。

　　不幸的是，一旦涉及老化及老化相關疾病，真正的答案不在於我們的基因，而在於基因表現圖譜。

瞎子摸象

　　我們已從自由基、粒線體、營養、荷爾蒙、損耗、遺傳學、細胞生物學等等觀點去討論老化，答案各有不同，不可能每一種都正確。

　　我們可以用經典的瞎子摸象來比喻這種情形。有人叫六個瞎子描述一頭大象。摸到象腿的人說大象是根柱子；摸到尾巴的人說大象是根繩子；摸到鼻子的人說大象是條蛇；摸到耳朵的人說大象是把扇子。摸到身體的人說大象是座牆；摸到象牙的人，說大象是根管子。每個瞎子所描述的大象都很準確，但他們都只摸到了一部分大象，沒有人正確講出大象的模樣。

　　雖然前面我所講述的各種老化理論，在某種程度上是可信的，但沒有一種是完整的。就像瞎子摸象，對於老化過程，研究學者們都給予了某部分的正確描述，各種理論都是基於有效而正確的數據，然而卻沒有人能夠描述完整的老化過程。我們都是誠實、聰明，且動機良善的，但關於老化如何運作，卻沒有人能夠將所有資料套入一個單一而正確的解釋。

我們該如何才能拚出一隻完整的「大象」？

　　身為醫學教授，我的焦點放在治療方面——我們是否有辦法可以預防或治療老化疾病？如果我們能夠真正了解老化的過程，或許可以治療阿茲海默症、動脈硬化以及其他與老化相關的疾病，

這些都是我每天執行醫療工作的一部分。

自 1980 年以來，除了教授生物學和老化課程，我也擔任研究員和老年科醫師。此外，我還付出大量時間治療早衰症的兒童。早衰症（Hutchinson-Gilford progeria）兒童一般約 13 歲死亡，樣子看起來像個老人。這些孩子不僅樣貌像老人，身體的細胞也老化。他們多死於中風和心肌梗塞，這兩種疾病是我們認知老化相關疾病中最常見的。一個 70 多歲的老爺爺和孫子玩球的時候心肌梗塞發作死亡，這是正常的；而一個 7 歲大的孩子，樣貌看起來像 70 歲，在跟年輕的媽媽玩球時心肌梗塞發作死亡，這是不正常的。一個孩子死於老化相關疾病，這種不協調感令人留下深刻而難忘的印象。

老化的兒童：早衰症悲歌

每年，我在世界各地都會接觸到幾十個罹患早衰症的兒童。他們的父母都是因為發現孩子生長狀況不正常，而帶孩子去看醫師。由於症狀很罕見，甚至許多小兒科醫師都沒有見過。但這幾十個孩子算是幸運的，臨床醫師認出了那是早衰症狀，讓我們能夠注意到這件事。

在二十一世紀來臨之際，我們對這些孩子和他們的父母都是無計可施，只能盡力而為，分享我們所知的，分擔他們的痛苦，讓他們了解這場悲劇。患者的父母們彼此間會相互討論和分享無窮無盡的健康問題，我們也將我們所知的部分與他們分享，不過我們不知道的其實更多。每年，孩子們都特別期盼一年一度的聚會，我們會聚集世界各地的患者。在他們短暫的生命中，這是他們少數幾次看起來與周圍孩子沒什麼兩樣的時候。

有一點很奇怪，早衰症兒童看起來和父母並不相像，反而病患之間的長相比較相似。有一個病例是越南的小女生，她的

臉部結構特徵已經衰老，看不出是亞洲人，模樣與其他早衰症的孩子很相像，反而不像自己的父母。在我們的年會中，會場到處都是禿頭的孩子、血管突出的孩子，以及關節發炎的孩子，他們一起玩鬧，以一種我們所有人都了然於心的奇妙感覺，開心地好像他們終於回到家了。

端粒是位於每個染色體DNA末端的構造，會隨著每次細胞分裂而縮短。1992年我們發現，早衰症兒童天生具有較短的端粒，他們的端粒特徵就像70歲的人，加上其他的發現，使人們知道，無論是正常人、早衰症兒童、細胞、其他生物，老化都與端粒密切相關。但我們也知道關於老化有許多其他合理觀點是受到資料支持的。我們如何將端粒與細胞老化越來越多的知識，以及其他的老化觀點，加以綜合和整理呢？

問題在於前景。

即便理論和資料是無限多，但總有些資料根本不符合單一、連貫的老化過程。就好像如果我們有一個複雜的機器，有一千個零件和幾十種組裝方式，每個想要嘗試組裝這些零件的人，都是想要製造一件具有專一功能的設備，但最後他們會發現，總會剩下幾個多餘的零件。更糟糕的是，組好的機器*根本就無法運行*。

90年代初，我參加了在加州太浩湖舉行的一場老化會議，當時我想通了一些事。本來我是打算去那邊探聽最新消息，以便收集、彙整在最新的老化醫學教科書中。

會議中所提出差異頗大的各種觀點，令人困惑。不僅有自由基、演化等老化相關問題講座，我還花了許多時間「解釋」，包括研究人員不熟悉的醫學術語（什麼是非類固醇抗發炎藥劑），醫師同樣不熟悉的研究術語（什麼是南方墨點法）。因為我在雙方皆有涉獵，因此為大家解釋不同觀點的任務往往就落在我身上。

有時候我覺得，我的角色就好像是為摸象腿的瞎子申辯，讓人們知道為何摸象尾的瞎子說得也沒錯。

會議中，細胞生物學家卡文・哈雷（Cal Harley，後來我們成為朋友），發表了一段關於端粒和細胞老化的最新研究。他指出，如果我們知道一個細胞的年齡，也測量得知細胞端粒所減少的長度，這兩個數字一字排開會互相對得很準確。我們知道其中一個數字，就能知道對面的另一個數字。

在短短幾分鐘內，我身為醫學教授的所學所知，我在課堂上所教授的一切，都建構成一個全新的模式。從前無論有多麼看似不相干而矛盾的觀點，如今我開始看見它們組合起來，成為一張簡單明確的圖片。

我發現自己看到了整隻大象。

我越仔細想，越是發現所有部分都可以拼在一起。我看見的不再是這麼多種理論，每一種都只得到部分的答案，而是看見了一個統一的理論輪廓，所有的資料和觀點都清楚解釋了我們如何老化，以及我們可以在何時何地介入治療。我開始看到可以如何檢驗這些理論，證明理論的正確與否。我看見可以如何使用這個新的認識，走得更長遠。

我開始看見如何治癒老化疾病。

第二章

老化的端粒理論

老化的端粒理論表示，細胞老化受到端粒的控制，最後會造成整個生物體的老化。可稱為細胞老化理論（cell senescence theory of aging）或老化的表觀遺傳理論（epigenetic theory of aging）更加貼切。長久以來，人們都認同老化極限理論（端粒控制細胞老化），但一般的端粒老化理論（細胞老化引發生物體老化現象）並未得到普遍認知。

我從 90 年代開始談論端粒理論，當時我覺得自己是個獨行俠，好希望科學界可以奮起反駁此理論，但大多數的人只是忽略、無視。

然而，我在 2015 年初寫下這段文字的時候，老化的端粒理論已占有主導地位，只是要讓所有科學家完全接受還有一段距離。我估計，在此領域中，大約有一半的專家接受此理論。大多數年輕有遠景的科學家，頗能接受、思考這個理論，而不需要和他們爭辯。

老化的端粒理論之所以會抬頭，主要是達成了五個關鍵：

1. 在細胞層級清楚說明了隨時間驅動老化過程的機制。
2. 解釋為何某些細胞會老化，某些不會。
3. 整合了其他經過證實的老化相關理論。
4. 成功解決針對此理論的各種反駁。

5. 最重要的是，它為臨床醫療提供了一條清晰的道路，除了理論，還提供一個實際的操作地圖，可改善我們的健康。

海弗烈克極限和老化的細胞基礎

在二十世紀前半，一般常識認為，細胞是不死的，老化是在細胞之外發生的某種進程。沒有人知道「某種進程」是什麼，但聽起來很合理。既然單細胞生物不會老化，而多細胞生物會，由此可見，那個「某種進程」一定是發生在細胞外面，不是細胞裡面。

這個觀點受到亞歷克斯・卡雷爾（Alexis Carrel）的研究支持，他們的研究成果證實細胞是不死的。卡雷爾是一位法國外科醫師兼生物學家，既受到大眾高度推崇，但也頗有爭議。他因著血管縫合技術的成就，於 1912 年獲得諾貝爾醫學獎。卡雷爾是一位虔誠的天主教徒，他在 1902 年聲稱於法國天主教聖地盧爾德目擊了一位垂死女人奇蹟般地得到治癒。卡雷爾的說法使他被迫離開法國，因為法國學術界有一股反聖職人員的氣氛，這使他無法在業界待下去。最後他進入芝加哥赫爾實驗室（Chicago Hull Laboratory），研究血管縫合術和血管、器官移植，最後獲得諾貝爾獎。

1912 年，卡雷爾開始進行著名的雞心臟實驗。他在實驗室中培養雞心細胞，每天加入培養基營養液並觀察細胞分裂。34 年來，卡雷爾和研究同仁都沒看見細胞有老化的跡象。這些細胞似乎能夠一直分裂下去，永遠不減緩、不停止、不失敗。如果他是對的，那麼細胞確實是不死的。

卡雷爾的理論經過幾十年都沒有人提出異議，但它確實是錯的。

後來，過了很久人們才發現，原來卡雷爾的實驗過程中有嚴重瑕疵。研究人員每天加入的培養基營養液，無意中含有新的雞心細胞。當然，只要卡雷爾持續加入年輕細胞，細胞培養自然會欣欣向榮。但是，每天不再加入年輕的雞心細胞以後，那些細胞很快就死光了。

雖然有人質疑原始實驗的誠實性，但或許卡雷爾和研究同仁是真的沒有發現他們的錯誤。不幸的是，他們的研究已經對生物學造成了各種深遠的影響。不僅有一整代人相信這個錯誤結果，同時還造成一個世紀以來部分生物學理論的混淆和偏差。

卡雷爾的錯誤，在 1960 年代初，被美國加州大學舊金山分校的解剖學教授雷納德·海弗烈克所揭露。海弗烈克和研究同仁試圖複製卡雷爾的工作，但無論海弗烈克和團隊如何努力，都無法創造一個綿延不絕的細胞株。他們很快就了解到卡雷爾的錯誤。海弗烈克團隊與卡雷爾不同，他們很小心，避免在培養液中加入新細胞。他們發現，細胞株經過固定數量的分裂次數之後，會一致地老化，最後不再繼續進行任何分裂。

他們抱著惶恐不安的心情，鼓起勇氣面對科學讀者可能發出的激烈質疑，終於發表了自己的研究成果。有些人試圖複製他們的實驗，同樣小心地不要加入新的細胞，都得到了同樣的結果——卡雷爾錯了，細胞會老化。

從海弗烈克和團隊的研究工作中，產生了海弗烈克極限（Hayflick Limit）的概念。簡單地說，海弗烈克極限表示，大多數細胞能夠分裂的次數是有限的（大多數人類細胞約 40 至 60 次），分裂的速度會逐漸減慢，最後細胞靜止下來，無法更進一步繼續分裂。換言之，細胞不是因時間過去而老化，是細胞分裂導致細胞老化。海弗烈克指出，細胞核是細胞老化的關鍵組成部分，控制著所謂的細胞「時鐘」。

我很高興告訴大家，海弗烈克博士是我超過三十年的摯友。

海弗烈克對於笨蛋沒有什麼耐性，但他是誠實正直的人，是我所認識最勇敢的人之一。他也是歷史上最了不起的科學家之一，單槍匹馬推翻超過五十年的老化教條。海弗烈克的理論花了 15 年才建立起來，從遭受訕笑奚落，到最後被接受。在一篇 2011 年海弗烈克接受《刺胳針》（*The Lancet*）雜誌採訪的報導，他說：「對一個具有半世紀歷史的信念發動攻擊並不容易，即使是具有科學依據[1]。」

有趣的是，每個物種或不同類型細胞的海弗烈克極限並不相同。壽命期限和海弗烈克極限具有相關性，然而，這種相關性並不精確，所以與其說是定義，不如說是建議。小鼠的壽命約 3 年，海弗烈克極限為 15 次細胞分裂；加拉巴哥象龜可以活兩百年，海弗烈克極限約為 110 次細胞分裂；人類纖維母細胞的海弗烈克極限則約為 40 至 60 次細胞分裂[2]。

海弗烈克極限對細胞老化的意義是深刻的。它強有力地聲明，老化是發生在細胞*內*，而不是細胞與細胞之*間*。沒有任何神祕物質或生物體層級的動力在驅動老化。這個想法受到實驗的實證支持，就像我們對人類疾病的知識一樣。非分裂性的細胞沒有細胞老化的現象，而在分裂的細胞，無論時間的實際流逝情形如何，決定細胞有多麼「老」在於細胞分裂，而非時間的流逝[3]。像其他許多在我們身體中的細胞[4]，我們冠狀動脈的血管細胞、大腦裡的

---

1 Watts G. "Leonard Hayflick and the Limits of Ageing." (雷納德・海弗烈克和老化的極限) *The Lancet*《刺胳針》377, no. 9783 (2011): 2075.

2 事實上，海弗烈克極限取決於我們所研究的細胞。在此引用的例子為纖維母細胞，這是一種典型的細胞，幾乎存在任何生物種體內。

3 Hayflick L. "When Does Aging Begin?" (老化何時開始？) *Research on Aging*《老化研究》6, no. 99 (1984): 103.

4 Takub, oK. et al. "Telomere Lengths Are Characteristic in Each Human Individual." (端粒長度是每個人類個體的特徵)*Experimental Gerontology*《實驗老年醫學》37, (2002): 523-31.

神經膠細胞，端粒長度都會變短，顯現出老化的變化，這兩種細胞就是在心臟和大腦神經元中造成疾病的細胞。心肌細胞和大腦的神經細胞都不會老化，但它們所依賴的其他細胞卻會老化，當會分裂的細胞老化，結果就是產生疾病。老化發生在會分裂的細胞，卻造成其他完全不會分裂（老化）的細胞生病。

細胞老化得到認可，而更一般的模型，即細胞老化導致產生老化相關疾病及身體的老化，也隨著時間演進較為人所接受。如果你的細胞年輕，你就年輕；如果你的細胞老了，你就老了。老化是細胞老化的產物，看起來簡單，說起來複雜。言下之意是，如果你能以某種方式常保自己的細胞年輕，你就能青春永駐。但很多人都難以接受這概念，包括我的朋友海弗烈克。

我聽過無數次海弗烈克談論細胞老化和人類老化的影響。他的演說橋段通常是從這裡開始：我們不可能阻止老化進程，更不可能扭轉老化。他經常用年久失修的人造衛星在太陽系飛行作為比喻，由於星塵和宇宙射線一點一滴造成精密衛星設備的損害，久而久之人造衛星就會「變老」。

他說：「人類就像衛星。會受損，會變老，你不能改變這個事實。」

他接著開始解釋自己的研究，確保眾人理解細胞老化的機制和極限。他說我們的細胞都具有一種所謂的「複製儀」（replicometer），可測量細胞分裂，執行細胞老化。

儘管他抱持著懷疑態度，但演講總結往往是樂觀的，表示人類極有潛力可以改善老化的摧殘。

我們現在知道，海弗烈克的複製儀就是端粒。而改善老化的潛力，存在於一種稱為端粒酶（telomerase）的酶，端粒酶會影響端粒的縮短。

是的，現在的研究表明，如果我們可以改變端粒長度，我們也許能夠延緩老化，甚至可能逆轉老化。

端粒、端粒酶和細胞老化

　　端粒首先是由美國遺傳學家赫曼·穆勒（Hermann Muller）於1938年發現命名，源自希臘文的 *telos*（端）及 *meros*（片段）。兩年後，細胞遺傳學家芭芭拉·麥可林托克（Barbara McClintock）描述端粒的功能為「在多細胞生物的某些細胞中保護染色體末端」。麥可林托克的研究成果後來贏得了諾貝爾獎。

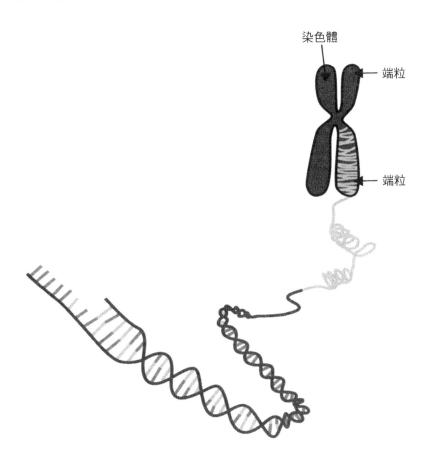

染色體

端粒

端粒

端粒是我們所有染色體末端最後幾千個鹼基對（核苷酸）所組成[5]，我經常用鞋帶來作比喻。端粒就像是鞋帶末端硬硬的塑膠頭，每個端粒都有一段特定的鹼基重複序列：TTAGGG（胸腺嘧啶、胸腺嘧啶、腺嘌呤、鳥嘌呤、鳥嘌呤、鳥嘌呤），在所有生物物種之間，這段序列的變化非常微小。因為這些序列並不帶有蛋白質密碼，所以常被認為是「垃圾DNA」（junk DNA），這使我們誤解了端粒所具有的重要功能。雖然端粒只含有染色體整體的一小部分，但重要性卻很深遠。

雖然當時還沒有人贊同，但1971年俄國科學家阿列克謝·歐洛尼可夫（Alexey Olovnikov）提出了第二個了解端粒作用的關鍵理論。歐洛尼可夫住在——他現在還住在那裡——莫斯科一間小公寓，一天他搭著地鐵，突然靈光一閃，想到染色體和地鐵列車之間的相似性。他開始想，細胞分裂時染色體如何複製，然後就發現了一個問題。

細胞使用一種稱為DNA聚合酶的酶來複製DNA，構成染色體。複製開始的時候，這些酶複製的基因會「滯留」在原染色體上，因為它開始複製的基因，使DNA聚合酶不能直接複製酶「滯留下方」的部分染色體。就像地下鐵，雖然我們可以鋪設其他新的軌道，卻不能直接鋪設搭乘車輛下方的軌道。

想像一下，有人想要用一個攜帶型掃描器來複製*你*。對方一手緊緊抓住你的手臂，另一手拿著掃描器將你從頭掃到腳。如果這時他想要複製你的手臂，他就必需放手，但一放手你就會跑掉。所以要是DNA聚合酶也「放手」抓住的染色體，這樣便不再能複製，染色體就會飄走。

---

5 這些鹼基，或稱為核苷酸，是寫在我們的染色體中，以遺傳字母拼出來的基因。DNA只有4個「字母」：T、A、G、C，這4個「字母」足以拼出我們人體所有的基因。

　　DNA 聚合酶只能往同一個方向複製前進，因此一定要緊抓住這一小塊染色體，卻無法複製這部分的核苷酸。

　　歐洛尼可夫的靈光一閃，後來證明他是完全正確的。雖然大多數染色體在複製期間會倍增，但總有一小片段遺失，所以染色體複製以後就會變得比較短。染色體被酶抓住的部分，最後證明是端粒。由於端粒被酶抓住，這個部分就不能複製，造成新的端粒比原來的端粒短少了一點點。你很年輕的時候，或是你身體細胞很年輕的時候，端粒可能有一萬五千個鹼基對。等到細胞的分裂能力走到盡頭，端粒可能就只剩下八千個鹼基對。歐洛尼可夫認為，縮短的端粒就是海弗烈克極限的機制。

　　同時，歐洛尼可夫還知道，有些細胞永遠不會變老，包括單細胞生物、生殖細胞，以及大部分的癌細胞。對於這些細胞以及類似的細胞，一定有某種方法讓它們能夠「恢復」，讓這些細胞染色體末端缺少的部分可以複製回來。使端粒重新延長的酶，稱為端粒酶。端粒酶可以讓特定種類的細胞端粒重置，恢復原本長度，使這些細胞可以繼續自我修復，無限分裂。只有在端粒酶不表現作用的細胞（例如大部分體細胞）中，端粒才會隨著細胞分裂而縮短。

　　1980 年代，美國加州大學柏克萊分校的研究人員伊麗莎白・布萊克本（Elizabeth Blackburn）和卡蘿・格雷德（Carol Greider）分離原生動物纖毛蟲四膜蟲（Tetrahymena）的酶，發現並證明端粒酶的存在，因而命名。四膜蟲這種生物，看起來就像一種很小很精緻的水母[6]。

　　由於端粒酶的研究成果，她們與美國哈佛大學醫學院教授傑克・蕭斯塔克一起獲頒 2009 年諾貝爾醫學和生理學獎。而歐洛尼

6　Shelton, D. N. et al. "Microarray Analysis of Replicative Senescence." （複製性衰老的微陣列分析）*Current Biology*《當代生物學》9 (1999): 939-45.

可夫並不在受獎人之列。

　　儘管端粒長度與細胞老化明顯具有相關性，但兩者之間的因果關係問題仍然懸而未決，直到 1999 年，研究人員在實驗室中運用恢復長度的端粒，扭轉了細胞老化[7]。在此之前，對於端粒可能是老化相關疾病核心角色的說法，普遍不為人所接受。部分是因為很少有資料證明兩者的因果關係，部分是因為對於端粒縮短和細胞老化之間的關係了解甚少，部分是因為要一般人甚至科學家去接受一種全新的概念都是不容易的。在老化這個案例中，我們被迫慢慢重新評估所知的一切。

歐洛尼可夫到美國訪密西根州

　　阿列克謝‧歐洛尼可夫出生於 1936 年，一輩子只離開過俄國一次。上個世紀 90 年代後期之前，他短暫訪問過東德。當時他從莫斯科飛往紐約再轉密西根，與我和妻子一起晚餐。我在機場迎接阿列克謝，在回家的路上，我們停在一家超市買東西，他對於商品的豐富多樣感到震驚。我們家談不上豪華，但對照之下，美國生活方式的相對富裕令我們不禁有些羞愧。我在烤牛排的時候，附近下了一場雷雨，導致突然停電。當下既沒有燈光也沒有水，我忙著摸索點燃蠟燭，妻子在黑暗中想要挽救這頓晚餐，阿列克謝則在桌子對面注視著我，以渾厚的俄國嗓音說：「你知道嗎，麥可，這裡和莫斯科其實沒什麼兩樣……」

7　同註 6。

體細胞與生殖細胞

所有動物和植物組織都是由體細胞組成，只有性細胞（或稱生殖細胞）不一樣。人類的生殖細胞，男性為精細胞，女性為卵細胞。大多數體細胞不表現端粒酶，隨著每次的分裂，端粒就會縮短。幹細胞和癌細胞則為特例，會表現端粒酶，即使細胞一再分裂，也能維持端粒長度。

基因表現會決定細胞使用染色體生產蛋白質和其他關鍵分子的方式。年輕細胞具有年輕的基因表現圖譜；老細胞有老的基因表現圖譜。每當端粒縮短，都會影響基因表現的速率。結果造成 DNA 修復和分子回收的速率逐漸減緩，使 DNA 與蛋白質、脂膜等所有使年輕細胞功能正常的材料分子，受到越來越多的損傷。最後細胞變得功能失調，無法進一步分裂，再也不能進行專業工作，在組織中死去的細胞也沒辦法更新。難怪老化會使我們的皮膚變薄，關節的骨襯裡細胞也會減少 [8、9、10、11、12]。

8　Hayflick, L."Intracellular Determinants of Cell Aging." (細胞老化的胞內決定因素) *Mechanisms of Aging Development*《老化發展機制》28 (1984): 177-85.

9　Hayflick L. Cell Aging (細胞老化). Chapter 2 in Eisdorfer, C. (Ed.), Annual Review of Gerontology and Geriatrics (老年醫學和老年病學年報), Volume1. Springer Publishing, 1980.

10 West, M. D., et. al."Altered Expression of Plasminogen and Plasminogen Activator Inhibitor During Cellular Senescence." (細胞老化過程中血纖維蛋白溶酶原與血纖維蛋白溶酶原活化劑抑制劑之異常表現) *Experimental Gerontology*《實驗老年醫學》31 (1996): 175-93.

11 Shelton, D. N., et al."Microarray Analysis of Replicative Senescence." (複製性衰老之微陣列分析) 939-45.

12 Roques, C. N., Boyer, J. C., and Farber, R. A."Microsatellite Mutation Rates Are Equivalent in Normal and Telomerase-immortalized Human Fibroblasts." (在正常和端粒酶不死化之人類纖維母細胞的微微衛星突變率是相等的) *Cancer Research*《癌症研究》61 (2001): 8405-07.

端粒酶與癌症

　　端粒酶不會導致癌症，但可能是癌細胞分裂所必需的。癌細胞會產生端粒酶，因此可以無限制分裂，這就是癌細胞為何如此危險的原因。1951 年，美國科學家在一個住在維吉尼亞州的非洲裔婦女拉克絲（Henrietta Lacks）身上收集到子宮頸癌細胞。這些稱作「海拉」（HeLa）的細胞，幾十年來都被使用在許多科學研究中。這些海拉細胞約延續生長了 20 頓，顯示癌細胞以及其他具有端粒酶細胞之不朽生命。思科魯特（Rebecca Skloot）的書《海拉細胞的不死傳奇》（*The Immortal Life of Henrietta Lacks*）詳實敘述了拉克絲和海拉細胞的故事。

　　具有端粒酶的細胞，可以無限期自我維持。沒有端粒酶的細胞會漸漸走下坡，無法修捕損傷，不能回收分子，無法分裂。無論細胞是否死亡或靜止和不作用，結果都會造成組織衰竭和臨床疾病。

老化的端粒理論

　　每個人一開始都是受精卵，是兩個生殖細胞結合在一起。受精卵快速分裂，產生新的胚胎幹細胞，分化成人體各種不同類型的細胞。胚胎幹細胞會表現端粒酶，因此可以任意分裂不老化。新生兒身上帶有數兆個細胞，每一個都年輕又健康。

　　新生兒身上大部分都是體細胞，隨著細胞分裂很快開始老化。其中有一群相對來說數目很小的細胞，約不到十萬份之一，是「成人」幹細胞，可任意分裂產生新細胞，但新細胞類型有限。一個

幹細胞分裂為二的時候，其中一個仍然是幹細胞，另一個則成為體細胞。這些新的年輕體細胞具有長端粒，體細胞的端粒隨著每次分裂而縮短，而幹細胞每次分裂都會恢復端粒原本的長度，如此可以源源不絕供應新的體細胞。然而，由於過程通常不會太完美，就算是幹細胞，也會有端粒漸漸受損。所以我們越變越老以後，幹細胞也慢慢變得不太能夠產生替代的體細胞。例如一個百歲人瑞的幹細胞還是會產生新的血細胞，但是和年輕時候比較起來，補充速度太慢，數量也不足。

　　老化的端粒理論如今已很清楚。人體大部分的細胞不會表現端粒酶，因此每次分裂以後端粒都會縮短。縮短的端粒最嚴重會改變基因表現，使得細胞衰竭。我們所經驗的種種老化症狀，從產生皺紋，到增加罹癌風險，再到阿茲海默症，就是反應細胞的老化。事情就是這麼簡單，也是這麼複雜。

端粒縮短會發生什麼事

　　端粒縮短以後，基因表現會受害，使細胞老化。想要了解這個過程，必須要先了解細胞功能的基礎知識。

　　細胞內部的一切都是流動的。細胞內的分子時時刻刻都在生產和破壞，建造和分解，不斷循環再生。所有的破壞和建設，看起來可能很浪費，實際上也耗費大量的能量。但卻能使得細胞內大多分子都很新，因此狀態良好，能夠正常運作。細胞會努力運作，以確保每一個分子都能發揮功能。

　　如果分子受損，最有效率的方法乍看之下是修復受損部分，而不是換掉受損分子，可是細胞一般不這麼做，就像我們手機壞掉了，一般是直接換一支而不是修理。因為手機壞掉往往是直接換一支更省錢省事，細胞也是這樣處理受損的分子。

　　在許多情況下，分子的創造性破壞是針對那些受損的分子，

但這並不是絕對的。人的身體往往可以識別受損的分子，標記分子，以便優先毀滅，然後回收所有分子。但回收速率不同，即使是運作功能完美的分子，也會不斷被分解，被其他完全正常的分子所取代。

這個不斷回收循環的系統非常有效率，但有一個缺點：由於要持續替代分子，能量消耗很大。另一方面，如果回收速率變慢，分子池就會漸漸塞滿受損的分子。我們接下來會看到，這個問題就是老化的核心。年輕人有較高的代謝率，不斷在更新分子。老人的代謝率較低，更新回收的速率也不夠快。

試想，如果手機合約由兩年縮短到兩個月，會發生什麼事？每個人隔一個月就換新手機。這樣一來，大家永遠不會拿壞掉的手機。如果池子裡面有一千支手機，幾乎所有手機每天都可以運作順暢，因為手機都沒有使用超過兩個月。不過，這樣花費極為昂貴。

DNA 修復

在人的身體裡，只有一種分子一輩子都在進行修理，就是我們的 DNA。DNA 分子是建造其他分子最重要也是唯一的分子模板，可說是我們身體裡的藍圖。DNA分子不斷被檢查、修復，然後又再度被檢查，不會放過任何一點損傷。監控和修復DNA的過程很複雜，會耗費大量能量，但卻是必要的。如果細胞發現損傷，就會修理好問題，否則將停止進行細胞分裂，避免錯誤訊息被子細胞傳遞下去。有時這種安全機制會失效，受損的DNA進入子細胞，這些細胞往往都會變成癌細胞。因此，DNA 的修復具有高度優先，如果不修理 DNA，代價往往是整個生物體的死亡。

不過，如果情況剛好相反會怎麼樣？要是手機合約由兩年延長到二十年，最後大家的手機都會是壞的。所以我們有兩個極端的選擇：我們可以花費巨資確保手機永遠運作順暢；或是花很少的錢，但是手機總是不能用。

在活細胞的例子中，分子也會發生同樣的事。分子替換的速度，決定細胞的運作程度。年輕細胞迅速替換，因此大多數分子運作完美。隨著端粒縮短，基因表現發生變化，導致需要的分子替換速度比較慢。分子替換速度慢，後果會造成醫療性災難。如果回收太慢，大部分的酶（在細胞裡面做牛做馬）會不再作用，造成蛋白質都故障不良，脂膜都破損漏水，整個細胞運作失常。

這就是老化細胞。

老化細胞的核心問題並不是損壞率上升，東西都壞掉造成損壞的情形越來越嚴重也不是什麼問題。問題在於回收替換效率減緩，導致累積的損壞越來越多。細胞依然會持續運作，但效率變差，容易發生錯誤，像是在製造細胞基質等細胞產物（例如皮膚膠原蛋白），或製造的骨質會導致骨質疏鬆症。當細胞與細胞產物都不能正常運作，很可能會出現越來越多臨床疾病，最後造成生物體死亡。

簡單地說，細胞的老化不是因為受損，而是反過來，是老化導致細胞受損。

其他老化理論的相關性

想想這句話是什麼意思：細胞累積損壞不是被動的。相反的，隨著細胞變老，損壞的維修和替換速度都會減慢。有了這樣的認識以後，就能很清楚第一章中討論的老化端粒理論和其他各種理論之間的關係。

損耗理論說，細胞老化是來自於被動的累積損壞。但事實上，

損耗的發生無關老化與否，所有細胞都有。唯有修復效率不彰時，才會產生問題。年輕細胞可以加緊修復損壞，老細胞的修復速度則落後。

端粒理論解釋了某些細胞能夠保持年輕，避免損耗的原因。我們現在知道，年輕、健康細胞的修復速率可確保損耗不致造成影響——如果它們表現出端粒酶——而且無限進行下去。

粒線體自由基理論也說出了許多真相。如前所述，能量的生產會形成自由基，自由基會損害分子，包括 DNA。對細胞來說，保持 DNA 完整絕對是迫切必要的，因此將 DNA 封閉在細胞核內保護，將自由基圍困在粒線體內，將能顯著降低遺傳損害速率。

自由基理論認為，年輕粒線體是有效率的，自由基的產率低，但隨著老化，粒線體效率會降低，產生越來越多自由基，造成細胞損壞，最終導致整個生物體老化。但這種解釋奇怪的地方在於，它將生物體老化歸咎於粒線體老化，因而引出另一個問題，就是粒線體最初為何會老化。更有問題的部分在於，同樣的粒線體在生殖細胞中經過千年都沒有問題，因為生殖細胞能表現端粒酶，保持年輕的粒線體，因此能長保年輕健康。就像細胞一樣，有些粒線體會老化，而其他卻可以永保年輕。

端粒理論解釋了這些問題。人類粒線體有自己獨立的一組 37 個基因在一個環狀染色體上，環狀染色體沒有末端也沒有端粒。所以粒線體為何出現老化呢？粒線體運作所需的蛋白質，實際上並非用粒線體的基因編碼，而是用細胞核的基因。蛋白質後來再送進粒線體。因此，粒線體的運作實際上是依賴細胞核的染色體，而細胞核染色體的端粒會縮短，隨著時間推移，基因表現圖譜也會出現變化。當細胞老化，供應所有粒線體所需蛋白質的能力也會跟著降低，因而造成粒線體運作失常，於是增加自由基產率。此外，細胞老化也代表，粒線體和核膜組成的脂質替換速率降低，這樣會造成自由基容易跑出粒線體，直接接觸細胞 DNA。更甚的

是，清道夫分子捕獲和摧毀自由基的功能會隨著老化而變得不彰。我們越變越老，產生越來越多自由基，自由基越來越容易逃竄，但我們捕捉自由基的能力越來越差，修補損壞的能力也不如從前。而所有自由基造成的老化損壞問題，都可以追溯到端粒。

因此，最根本的問題不在於老化的粒線體，而是縮短端粒造成了基因表現圖譜的衰老，因而使自由基瓦解我們的細胞。

我們現在可以把老化的端粒理論簡化成一句話：**細胞分裂，端粒縮短，基因表現改變，細胞修復與再循環減慢，錯誤慢慢累積，最後細胞終於死亡或失去功能。**

關於老化端粒理論的誤解

英國「自然哲學家」虎克（Robert Hooke）在三個半世紀前發現了活細胞，也是第一個命名「細胞」的人，因為他第一次在顯微鏡觀察植物細胞的時候，覺得這些東西看起來就像修道院裡排列緊密的狹小房間（cell）。虎克首度向世人揭示，大型的生命形式（例如人類）並不是一個統合單一的生物，而是由無數微小的細胞所組成。

虎克的觀察是生物學和醫學的一大轉折點。在此之前，人體被視為一個單一的完整形體，匯集了各種不同的器官和組織，一起分享了某種神祕的生命力量，稱為 *élan vital*，意思是「生命的躍動」。然而，細胞的概念提供我們一個完全不同的嶄新觀點，告訴我們生命如何運作，為現代醫學奠定基礎。

在接下來的幾個世紀，隨著顯微鏡的發展，人們能夠探索細胞，生物學的中心漸漸從生機論移轉為細胞學說，生物學變成聚焦在細胞這個單一的基本構建單元上面。到了二十一世紀，細胞學說聽起來是這麼理所當然，但生機論的想法，卻以某種奇怪的方式，仍在理論和臨床治療方面影響著我們。

最好的例子就是我們看待老化的方式。人體病理學的特點是，所有的疾病最後都會歸咎到細胞層級。一旦我們了解細胞內的病理，以及周圍的細胞如何導致問題，那麼我們就會對疾病產生基本的認識。然而，許多人仍然堅持一種概念，認為老化不是在細胞內發生的，而是在細胞之間某些神祕且完形般的事物，細胞本身僅僅是無辜的旁觀者。

疾病最初是從細胞內部開始，接著才是在一間細胞間引發問題，並非反過來。

克服這種誤解，是端粒老化理論想要普及的重要關鍵。但端粒理論的誤解何其多，須待一一打破，我想不出來還有其他理論像端粒理論一樣，受到如此多的誤解和混淆所困。端粒理論的主要問題如下，讓我們一起來認識：

誤解 1：端粒長度定義老化

端粒理論最常見的誤解是，用端粒長度來定義老化或認為是端粒長度導致了老化。事實上，生物體的端粒長度根本與壽命長短或老化速度無關。正如許多研究人員指出，像老鼠等動物，具有長端粒，但壽命較短，而人等其他動物，端粒較短，但壽命卻較長。

端粒理論並不是說端粒長度會控制老化，端粒長度根本與老化無關；**端粒長度的縮短**，才是細胞老化的關鍵。這種看法有研究資料的一致支持。問題的關鍵並不在於我們出生時端粒有多長，而在於日後端粒縮短了多少。基因表現的改變，肇因於端粒的縮短。

研究人員研究老鼠和其他生物，觀察這些生物從出生到衰老的端粒長度變化，結果清楚顯示，端粒的縮短，或者更確切地說，端粒縮短造成基因表現的改變，就是生物體體內驅動老化的力量。

這就是為何端粒長度的測量在臨床上的預測力是有限的。除

非我們知道某特定物種的特定類型細胞的平均端粒長度，我們所
測量的端粒長度才可以應用在評估身體功能和病理學。例如，如果
我知道人類青少年血液循環中的白血球平均端粒長度為 8.5kbp [13]，
到了 80 歲左右，通常會縮減為 7.0kbp，然後一旦發現某人的白血
球端粒長度是 6kbp，就表示某人的麻煩大了。但除非我們知道相
關資料，否則端粒長度 6kbp 並沒有意義。問題不在長度，而是**長
度的變化**。

此外，端粒長度的有效性，取決於選取細胞的類型。當我們
漸漸變老，有些細胞的端粒會跟著縮短，有些則不會。有許多細
胞在人的一生中會不斷分裂，例如動脈內膜細胞、腦部神經膠細
胞，還有血液、皮膚、腸胃道內皮、肝臟細胞。但也有許多其他
細胞，例如肌肉細胞和神經細胞，一般在我們出生前就停止分裂，
因此相對來說，端粒長度的變化會隨著老化變得比較穩定。我們
或許希望，藉由認識冠狀動脈內膜細胞的端粒長度如何縮短，可
以發現臨床價值，但測量人們的心肌細胞端粒長度幾乎可以說是
毫無意義。同樣地，追蹤微膠細胞端粒縮短的情形是有用的，但
追蹤微膠細胞所支持的腦細胞端粒長度，則一點意義都沒有 [14]。

誤解 2：細胞死亡是因為端粒的瓦解

儘管各位可能已經在電視上的健康節目看過，端粒不會瓦解。
這種普遍的誤解源自於把端粒譬喻為鞋帶末端的塑膠頭。這種譬
喻會產生一個誤解，以為當人們變老，端粒塑膠頭會有所損耗而
造成 DNA 鏈瓦解，導致人們的染色體分離，使老化細胞死亡。

但這不是事實。

---

[13] kbp 為 kilo-base pair 千個鹼基對的縮寫，在遺傳學中用來測量 DNA 或 RNA
的長度單位，等於 1000 個核苷酸。
[14] 其實成人也有一些神經元和肌肉細胞會分裂，但很少見。

事實上，染色體永遠不會瓦解，因為損傷不會那麼嚴重。在細胞功能障礙到達最高點之前，端粒都不會喪失。只有在最極端的案例中，如第五代「端粒剔除」小鼠（無法表現端粒酶），細胞才會喪失所有端粒。在正常的老化情形下，不會發生這種事。

在現實中，人們的染色體都會保持在不錯的狀態，即使活到120 歲也一樣。要等到人體死亡，腐敗分解，染色體才會跟著瓦解。

同樣，認為縮短的端粒造成細胞死亡，這種想法通常是不正確的。短端粒的細胞肯定運作不太良好，但並不表示細胞會死。

誤解 3：老化疾病與端粒無關

關於端粒會造成心臟疾病或阿茲海默症，幾乎沒有例外，總有人提出爭議。通常提出疑問的人，都是完全理性的科學家等學者，對於生物學有相當權威性的認識，但對於臨床病理學則知之甚少。

以心臟疾病來說，他們指出，心臟的肌肉細胞（心肌細胞），幾乎不會分裂，因此心臟疾病不可能是因為端粒縮短導致的結果。

但病理學上更為複雜。因此如果說，由於心肌細胞不會失去端粒，所以端粒變短不會造成心肌梗塞，就像是在說，因為心肌細胞不會累積膽固醇，所以膽固醇不會引起心肌梗塞一樣。

造成心臟疾病的原因，不是心肌細胞的變化，而是冠狀動脈的變化，是由於血管內皮細胞**失去端粒並且累積膽固醇**所致。病理學的根源在於動脈，而不是肌肉。至於心肌細胞不分裂的事實，無關乎心臟疾病的病理學。

另一個在病理學上具有類似誤解的批評，是關於阿茲海默的癡呆症：神經元幾乎從不分裂，所以阿茲海默症的產生不可能是由於端粒縮短。

成人的神經元不會分裂，大致上算是正確的，但圍繞和支持

神經元的微膠細胞卻會不斷分裂，而微膠細胞的端粒當然會隨著年齡增長而縮短。微膠端粒縮短與阿茲海默症有關，並且在發生癡呆之前會顯現出幾個重大跡象，包括β類澱粉蛋白沉積，形成 Tau 蛋白糾纏。

在此大致區分出與老化直接相關或間接相關的病理學是有用的。阿茲海默症和心臟疾病屬於間接老化相關病理學的例子，神經元和心肌細胞都可說是「無辜的旁觀者」。直接老化指的是衰老的細胞導致自身組織病變，間接老化指的是衰老的細胞導致其他組織或不同類型細胞的病變。在我們進入後面的章節——介紹如何應用縮短的端粒於臨床介入性治療——之前，各位會發現這樣的區分非常有用。我在第五章會探討端粒縮短與直接老化的相關病變；第六章則會探討端粒縮短與間接老化的相關病變。

從理論進入治療

> 所有的真理都要經過三個階段。首先，受到嘲笑；然後，
> 遭到激烈的反對；最後，被理所當然地接受。
>
> ——叔本華

人類生物學是非常複雜的，對於造成老化的問題，更是繁複。造成老化的原因有許多層面，而且，正如我們所見，老化的本質可以許多方式進行說明。

從某種意義上說，老化不是由某個東西所引起的。老化不停在變動，是動態的，是由各種事物所造成的複雜狀態，沒有單一的開始，也沒有什麼事物可以拿來當作病因。或許我們可以合理地說，老化是由於自由基或生物體累積過多的損壞，或其他種種正確卻會誤導人們的原因所造成。或許我們也可以退一步說，老化是由於細胞內來不及進行修復與再循環，導致生物體發生變化，

結果引發某些特殊疾病。

　　或許更正確的說，端粒縮短並不會像我們潛在的遺傳問題或罹患某種疾病那樣，會引起嚴重的老化問題。老化不會引發疾病，但確實會增加像是家族性心臟病的風險等，導致病變或死亡。老化不會引起心臟病發作，但確實會增加心臟病發作的可能性。從某種意義上說，我們可以把端粒縮短（或老化），想像成是我們航行在一個水位逐漸下降的湖中，石頭和湖底沙洲離水面越來越近。遺傳風險就好像這些石頭和沙洲，距離水面越近，我們就越有可能發現自己最終會撞上去而發生船難。或許我們夠幸運，沒有發生動脈硬化的風險，但航行之中仍然難免會遇到其他狀況而擱淺。由於端粒縮短和老化持續進行，遲早會有一些看不見的風險終於出現，導致疾病，最後死亡。

　　但我最重要的不是要討論這些原因，身為一名醫師，我關心的不是原因，而是介入性治療。我關心的是實用性、定義和是否經得起檢驗。

　　我的關鍵問題在於：治療老化相關疾病，介入性治療最有效、單一的點是什麼？對於一個臨床醫師以及所有老到生病的人來說，這才是實際的辦法。此外，將無論老化的原因定義得多清楚，無論那原因是自由基、宇宙射線、DNA 甲基化、端粒縮短或其他任何事物，我都沒那麼在乎。我想知道的不是原因，而是治療方式。這些原因如果是真的，是否可以用於老化的介入性治療？哪一種治療可以最有效幫助我們治好或預防實際上的疾病？治療辦法本身必須通過一再檢驗。例如，如果我們認為端粒是治療最有效的介入點，那麼我們就可以檢驗供應細胞端粒酶的概念。

　　老化的端粒理論認為，介入性治療老化相關疾病的關鍵，是運用端粒酶重新延長端粒，從而使基因表現恢復健康狀態。到目前為止，大多數的介入性治療主要聚焦在疼痛等症狀上面，或發炎等個體由於基因表現變化而導致的問題。這種狹隘的焦點，在

試圖治療老化相關疾病時會導致許多臨床失敗。例如在阿茲海默症的老年癡呆研究案例中，臨床試驗主要都是針對β類澱粉蛋白和相關分子，以及tau蛋白。這些試驗的失敗是可以預料的，因為它們並沒有處理最初驅動老化細胞失去功能或死亡的最大問題。這些試驗處理的目標是老化的影響（例如β類澱粉蛋白斑塊），而不是老化的原因（例如微膠細胞老化）。這就像試圖通過治療發燒來治好致命的病毒感染，或許我們可以降低體溫，但患者仍會死於感染。當我們想治療如阿茲海默症這種疾病，治療β類澱粉蛋白沉積是不夠的。想要治療阿茲海默症，必須重設微膠細胞內的基因表現，這麼做通常可於第一時間阻止β類澱粉蛋白的沉積。難怪過去無論如何努力，都沒有成功案例。因為我們瞄準的是錯誤的臨床目標。

朝老化共識前進

　　雖然端粒理論與實際研究資料一致，能夠解釋生物衰老和老化相關病變的領域，但甚至連研究人員都經常會有誤解。許多人一逕批評但並不了解端粒理論也不了解臨床病理學。這是可以理解的，因為端粒理論實際上很容易被誤解，有許多基礎生物學的專家，正如我們在前面誤解三所看到的，他們並不是人類疾病的專家。此外，也缺乏整合性解釋端粒理論的發表資源。

　　但潮流正在轉向。我發現，年長的研究學者對於理論有諸多批評，然而越來越多年輕的學者卻正視且接受它，不過兩方對於端粒理論可能都還沒有正確的認識。

　　就我而言，這些針對成因的學術討論是沒有實質意義的哲學活動，在晚宴上杯觥交錯之間令人津津樂道，但卻沒什麼建設性。近幾十年來，我更側重於直接導致臨床介入性治療的科學。詳情我會於第四章中討論。

　　但首先，我要繞一圈有趣的彎。本書大部分都在描述人們**如何老化**，但在下一章中，我要問一個可能會令人很驚訝的問題：**我們為何會老化？**

第三章

X

我們為何會老化

如同各位在上一章最後讀到的,我們老化,是因為每次細胞分裂的時候,端粒都會縮短。每次端粒縮短,都會導致細胞的功能越來越差。簡言之,這就是老化的端粒理論,接下來各位會在本書其餘的部分看見它所告訴我們大量關於老化的知識。

但在本章我想暫停一下,先離開主題去探討另一個問題:我們為何會老化?早期的老化理論傾向於規避這個問題。如果我們是因為損耗自由基而老化,答案就很清楚:衰老是不可避免的,所以我們會老化。儘管人體努力運作,累積的損傷,最終將會超越我們修復損傷的能力。

但老化的端粒理論使得「我們為何會老化」這個問題變得更有趣。我們所有的細胞都具有端粒酶,都具有表現端粒酶的能力,就像生殖細胞、幹細胞那樣,但許多細胞卻不表現端粒酶。所以很顯然,我們身體的老化不只是因為無可避免的生理過程,而是因為我們的身體事實上就是**設計成要老化**。我們的身體是有意要老化的。

演化論的思想

> 演化比你更聰明。
>
> ——萊斯利·歐格爾(Leslie Orgel),演化生物學家

　　每當我們問問題，像是為何生物學中發生了某件事？這時我們所問的都是演化論上的問題。在這個星球上，每個生物的運作都是幾十億年演化的結果，實際上我們身體的各方面也都是演化一點一滴運作的結果。如果老化對一個物種來說沒有良好的演化意義，那麼生物就不應該變老。然而老化使得我們的基因更能夠被複製，我們的物種更能得以生存。

　　問問題感覺可以變成像兒童玩的無限循環遊戲，但在生物學中，為什麼的問題一般都會用演化論來解釋。例如：

問：我們為什麼會餓？

答：因為我們有一段時間沒吃東西。

問：為什麼不吃東西會餓？

答：因為沒吃東西身體就會產生較少的瘦素，而那會讓人感到飢餓。

問：人的身體為什麼會這樣？

答：因為動物若不感到飢餓，就不會努力尋找食物，不能生存就不能繁衍後代，所以會餓的動物才能存活。人類從動物祖先遺傳了這個特質。

　　請注意，說我們的身體「想要」我們吃飯，或者說演化「想要」我們吃飯，這樣說表面上似乎很有道理。我偶爾會使用「想要」這簡化意義的動詞，但請記住，「想要」只是為了方便解釋，事實上演化沒有「想要」什麼，但如果我們不吃飯，那麼我們的基因就無法生存。在本章中我們的問題是：「為什麼我們的身體要老化？」不過這是經過簡化的問句，我們真正的問題是：為什麼會老化的動物才能生存和繁衍，不老化的動物不能生存和繁衍？

為什麼老化會使物種（及其基因）更可能生存下去？

　　因為多細胞動物在幾十億年前就開始老化，所以「我們為何會老化」這個問題的答案基本上都是猜測。但是藉由問這個問題，我們可以學會很多關於演化推論的方法，以及演化過程的本質。

演化的成本效益

　　為什麼獅子跑得不夠快？獅子可以在短時間內衝刺，以每小時 50 英里的速度奔跑，令人讚嘆，但獅子的獵物跑得也一樣快。角馬也可以每小時 50 英里的速度奔跑，斑馬和野牛可以約每小時 40 英里的速度奔跑。獅子要生存就必須追捕獵物，但為什麼獅子不演化得像獵豹那樣，可以每小時 70 英里的速度奔跑？

　　因為演化裡的所有事物都有平衡。獵豹可以達到不可思議的速度是因為牠們的身體苗條、頭小、有長而瘦的腿，很符合空氣動力學。牠們有相對較大的心臟和肺，還有大鼻孔，這些可以使牠們快跑的時候讓身體肌肉充分獲得氧氣。但是，這些優點是有代價的。獵豹的小腦袋表示牠們的牙齒比較小，下顎也比大多數肉食動物更弱。

　　跑得更快的獅子可能會發現這樣能更容易捕捉獵物，但身體上的肌肉可能更不發達，才能符合空氣動力學。所以跑得更快的獅子，可能反而會成為其他獅子的手下敗將，無法與其他獅子競爭，因此無法繁衍後代。

　　關於演化，我們所要了解的是，為什麼演化要朝某個特定的方向發展？因此我們有必要知道成本和效益，在兩者之間進行權衡取捨。

　　所以問題回到我們的疑問，我們為何會老化？老化會帶來很大的演化優勢，讓我們能夠一直生存和繁衍下去？可是不老化的動物，理論上應該可以產生比競爭物種更多的後代。

　　事實證明，老化的成本比想像要低。雖然物種之間的壽命差異很大，大多數動物在到達生命期限之前就會老死。許多動物會因為飢餓、物種競爭、捕食、疾病、癌症等原因，還沒有老就先死了，對這些早死的動物來說，老化不是造成牠死亡的原因。「老化成本」僅適用能長期生存到某個期限的動物，超過這個期限，老化才會成為死亡的其中一個因素。

　　還有另一個比較微妙的因素。生物在自己的生態棲位裡面活動，這個生態棲位只能養活有限個體。例如鹿群數量的限制因子不在於鹿隻的繁殖速率，而在於環境中是否有充足的食物，和掠食性動物的數量。以一個可以支持 1000 隻鹿生活的地區來說，如果突然額外增加了 1000 隻鹿，會發生什麼事呢？飢餓和掠食將很快把族群數減回到 1000。

　　有了這點認識，現在請想像有一小群不老之鹿可以永遠生存繁殖。這些鹿屬於總鹿群的一小部分，其他的鹿都會老化，老化鹿跟其他物種一樣，會不斷適應環境的變化而演化。但不老鹿生育的後代，則只會表現從前的演化階段狀態。隨著每一代不老鹿的後代誕生，這些後代對環境的適應力將比不上老化鹿的後代。很快地，這些不老鹿都會被排擠出去。

　　這是老化演化的重要關鍵問題。如果一個物種具有較長的生命週期，牠的適應能力會比不上生命週期較短的物種。這種情形有點像汽車的轉彎半徑，轉彎半徑較小的汽車，可以轉過較小的彎道。如果一個物種的生命週期較長，晚年才會產生後代，則此物種的「轉彎半徑」可能無法跟上自然或生物環境的快速變化。如果氣溫、氧氣、pH 值或其他自然環境發生改變，物種就需要一起改變。如果生物競爭或掠食者物種快速變化，同樣的事再度發生，較短生命週期的物種可以更快速適應，因此更可能存活。另一方面，如果自然或生物環境較穩定，那麼較長的生命週期對於生存比較有利。生命週期長短和老化的速率，不僅是針對環境，

也針對環境變化的速率做出細微的調整。

可見，「不老」的好處大大低於我們的想像，原因有兩個：大部分的死亡是發生在老化出現之前，而且不老會減緩演化的速率。老化對於一個物種來說具有利益，但對於個體來說，老化和生病的成本則很嚴峻。

從歷史上來看，我們有時會認為老化是多細胞生物必有的一部分。但事實證明，一些多細胞生物（如水螅）不會老化，而一些單細胞生物（如酵母菌）反而會老化。

多細胞困境

單細胞生物經過約 26 億年的生活之後，約在 10 億年前，終於演化成為多細胞生物。早期多細胞生物以團體合作形式在一起生活，這種生活方式對於從前單打獨鬥的單細胞生物來說，更有利於生存。

多細胞生物最終學會進行細胞分化，形成專門繁殖後代的生殖細胞，使生物體變得更複雜。這個變化對於多細胞生物體中細胞來說，是一件劃時代的事。數十億年來，細胞為了生存繁衍不斷演化，能夠生存下來的單細胞生物，都是繁衍速率最快、生存能力最強的。它們打敗了那些沒有競爭力的單細胞生物，脫穎而出。

現在，作為多細胞生命形式的一部分，細胞必須學習一種完全不同的行為方式。細胞必須負責運作，發揮自己的職責，以支持整個生物體。唯有在生物體有需要的時候，細胞才會進行分裂。如果有細胞分裂速度過快，但生物體不需要這種分裂的時候，這時它就是癌細胞，會反過來殺死生物體。隨意複製細胞的生物體，最後會被淘汰；唯有精心控制細胞的生物體，才能存活並生生不息。

　　多細胞生物經過演化，會主動控制細胞的複製。這個控制的機制是什麼？其中一部分就是老化。

　　海弗烈克極限是一種控制細胞複製嚴苛但功能強大的手段。細胞經過數次分裂之後，就再也無法繼續產生新細胞。隨著每次細胞分裂，端粒會跟著縮短，經過 40 次的分裂[1]，大多數細胞基本上就不能繼續分裂了。這種控制機制是有代價的，就是細胞老化和死亡。但正如我們在前面所看到的，從演化的角度來說，這個代價並沒有看起來那麼高，並且還具有可以微調的功能，使物種能夠適應環境的變化。

我們為何會老化？

　　當然，我們為何會老化？我們可能永遠都不會知道這個問題的完整答案。老化非常可能是演化的產物，是為了提高物種快速適應環境變化的一個功能。所以，如果演化「選擇了」老化，科學家能否開發工具去「反選擇」老化呢？不管是完全停止老化，或部分改善老化。帶著這個問題，我們接著進入下一章。以下我們先暫時拋開老化理論，一起來檢驗如何應用端粒理論所取得的進步，以增進人類的長壽和健康。

---

1 事實上，40 次分裂是人類纖維母細胞的特點，每個物種和不同細胞類型，都具有特定的複製限制次數。

第四章

X

永生不死的追尋

過時的理論永遠不會死，死的是這些理論的提倡者。

——佚名

25年來，醫學在轉型的邊緣上搖搖欲墜。直到 1990 年，由於海弗烈克、歐洛尼可夫、哈雷等人的努力，我們對細胞的老化才有了基本的認識，但也只是初步懷疑可用細胞老化解釋人類的衰老。關於端粒可協助人類治療老化相關疾病的想法，以及可能幫助我們治療與老化相關疾病的想法，目前最多也只能說是一個夢想，我們不敢有過多的奢望。

新的理論需要資料，還需要決心和耐心。老化的端粒理論也不例外。對於任何新理論來說，只是**正確**的或具有支持性的資料是不夠的。新理論要得到眾人的接受需要時間。進入 21 世紀後，新一代的科學家和醫師將以新觀點重新看待老化相關疾病，展開工作並逐步建立職業生涯。

踏出希望的第一步

基龍生技公司主要進行端粒的研究，由麥可·威斯於 1990 年創立。麥可看到了細胞老化對人類疾病的影響。基龍最初的目標

是找到一種方法，在老化過程中進行介入性治療。麥可在掌握老化過程上有非常傑出的表現，他致力於投身端粒生物學的新興領域，從實驗室進入臨床治療，讓投資者能看見他的遠見。

　　基龍的英文名字來自於希臘文「老化」的字根，是世界上第一個以預防和扭轉人類老化為目標的生技公司。基龍在 1992 年聘請卡文・哈雷為首席科學家，最後公司持有源自於端粒研究的潛在臨床介入性治療的主要專利。基龍有三大發展主旨：

- 運用**端粒酶活化**來治療老化和老化相關疾病。
- 運用**端粒酶抑制**來治療癌症。
- 發展**幹細胞**療法。

　　老化是由端粒縮短所驅動，所以我們也許能夠改變老化過程。這想法很新穎，因此不難想像有很多人無法接受。即使有人看到了潛力，但在最初十年間，並沒有什麼強力的支持資料。投資者和董事會成員能很快相信某些東西有治療癌症的潛力，但即便我們花再長時間，還是無法完全說服他們相信我們真的可以扭轉細胞老化，並為老化相關疾病提供有用的治療法。即使是在此領域的主要參與者——例如海弗烈克——他們對於端粒酶可能在人類老化中扮演舉足輕重的角色這點上，仍抱持懷疑的態度。這種固有的保守態度，反映出 90 年代以來大部分科學界的觀點，造成了投資者與董事會成員做出謹慎的財務決策。

　　儘管如此，對我們來說，在基龍的第一個十年依然令人振奮，我們看見了端粒酶用於治療人類老化和疾病的潛力。在此期間，基龍聚焦於理解端粒酶的運作、辨識輔因子（co-factor），對各種細胞和物種做測量並累積端粒長度和細胞老化之間的數據資料等等，因而導出一項對癌細胞和幹細胞端粒的重要研究。接著，基龍終於在 1999 年拍版定案，確定端粒的縮短並不僅僅與細胞老化相關，而是會造成細胞老化。

　　想要追上麥可・威斯的快速步伐並不容易，因為他不僅僅是智力超群而已。他會在辦公室總結一個專利，或是在實驗室裡數細胞，就好像他可能會在巴黎講述幹細胞，或是在新加坡討論老化細胞。在基龍辦公室走廊有一張世界地圖，上面插滿了各種顏色的圖釘，標示出他曾經去過哪裡。而現在麥可又是在世界的哪裡呢？

　　無論麥可在哪裡，他總是領先別人一步。

　　1993 年，基龍邀請我飛到加州，授權我查閱他們未發表的資料，其中大部分都有專利權，我也受邀發表了幾場有關端粒酶老化和疾病的臨床潛在治療方式的演講。當時我們有些人都清楚看見了端粒酶治癒疾病的巨大潛力。CEO 羅恩・伊士曼（Ron Eastman）知道基龍工作的重要性，他要求我為歷史作見證，但公司的理念比公司本身更重要。我 1996 年寫的書《扭轉人類老化》（*Reversing Human Aging*），就是在講述我們對於老化原因和過程的認識經過，是首部歷史記錄。

　　作為唯一與基龍並肩工作的醫師，我所提供的是臨床醫療的指導，但我也是少數與基龍都抱持著同於麥可・威斯的理念，完全相信我們總有一天一定可以治癒老化相關疾病。我是個樂觀主義者與理論家，也是把故事告訴大眾的人。我看見的是一幅巨大的圖畫，我了解的是老化的所有理論以及臨床意義。我既是醫學教授，也是老化生物學大學教授兼研究人員，這些背景使我能夠將端粒理論向臨床醫學界以及大眾解釋清楚。

　　我的基龍之旅是住在朋友卡文・哈雷家，他是基龍首席科學家，與妻子一起住在帕洛阿爾托（Palo Alto）一個溫馨的家園。我們花費可觀的時間討論科學，以及我對老化過程的臨床認識。一天晚上在吃晚餐的時候，我指出，我們對端粒的認識，或許能使我們建立一個單一、統一的老化理論。我認為端粒是臨床介入性治療最有效率的切入點，使我們能夠預防和治療大部分的老化相

關疾病，這些都是現在醫藥很少或無法提供幫助的。我很驚訝地發現，卡文大致上並不認為端粒酶可成為一種有效和創新的醫學治療方式。我請他提出一個數字，評估端粒酶對於老化過程治療的重要性。他的回答是：「不超過 50%。」即使他是基龍的科學關鍵領導人物，卡文仍對端粒酶的臨床可能性並不感到樂觀，很多他在基龍的同事也抱持著同樣的想法。諷刺的是，儘管經過了十年，基龍的遠景逐漸變得更為受限，但卡文自己卻變得更加樂觀。

那真是段令人懷念的老時光。

當時我們大多數人都堅信，有些偉大的事即將發生。對於基龍的科學家來說，他們具有知識基礎，認為端粒可能控制細胞的老化。我和其他幾個人則強烈地懷疑，端粒的研究用途遠遠超越老化細胞。作為醫學教授，多年來我不僅試圖想理解人類的老化，而且還想要找到一種方式來治療老化相關疾病。端粒生物學和細胞的老化便提供了一種方式，不但符合我們所知關於老化過程的一切，而且形成了一個清晰、一致的圖像，讓越來越多的人開始分享出去。

然而，相較於老化的科學認知，有些事物更加危急。現在的生物學家和醫師認為，他們「幾乎」完全了解老化，就像 19 世紀的物理學家認為自己「幾乎」完全了解宇宙一樣。但我們都知道，20 世紀初的相對論和量子力學完全改寫了一切。現在端粒生物學正在改變一切。但是，革命性變化不僅使我們能夠深入認識細胞的老化，還有更複雜的影響。

在醫學和生物學中，有一種典範深植人心，亦即認為無論我們有多麼深入認識老化，還是不可能改變老化。有一天我們可能完全理解老化的分子機制，甚至可以用這些知識來減緩老化過程，為阿茲海默症和動脈硬化提供安寧緩和醫療。但是，我們卻永遠無法扭轉或停止老化過程。

但我們真的做不到嗎？

這就是我們對老化新認識的驚人意義。

端粒和細胞老化不僅解釋了我們如何衰老，對於深入探討的人來說，意義在於我們有一天可能可以重置端粒，扭轉細胞老化，從而治療人類的老化相關疾病。也就是說，我們很可能可以扭轉人類的老化。

身為臨床醫師，我的想法從來不是純粹的學術性。我的目標在於實用性和臨床性。我想要改善生命。我想要找到針對老化相關疾病最有效的介入性治療。我寫過關於老化過程的醫學教科書，但端粒的研究對於臨床醫學具有空前的影響，使我大為震驚，因而將那些教科書束之高閣。因此，我決定寫這本書加以解釋，有史以來人類如何首度有機會扭轉老化。

當時基龍讓我能自由使用、查閱他們的資料，但在 1995 年，大部分的資料還很初步。我們確信端粒的縮短會影響細胞的老化，但縮短的端粒是否真的引起細胞老化？還是細胞老化造成了端粒縮短？很顯然，年輕細胞具有長的端粒，而老細胞端粒較短，但究竟是先老化還是端粒先縮短？我們懷疑，端粒縮短在某種程度上改變了基因表現，驅使細胞老化，但當時尚未得到證實。

老化的端粒理論是很簡鍊確切、一貫的，在人類醫學上有驚人且前所未有的潛力，但資料還沒有定論。雖然我當然可以加油添醋去解讀現有的理論和研究資料，但那只會讓這本書變成投機性的推測，而不是在描述事實。這本書並不只是一本科學教科書，不像我十年前幫牛津大學出版社寫的教科書，這本書是寫給普羅大眾看的。於是我要繼續解釋，解釋關於細胞如何老化的有限理論、人類老化的一般理論，以及對我們所有人可能具有的意義。

這是一場艱鉅的任務。

老化科學分為兩個不同的陣營，兩者互不信任。一個是狂熱者的陣營，裡頭有興奮的外行人和少數專業人士，大部分為極端

分子，他們無視於實際的科學資料，常常聲稱某種食物或藥物具有奇蹟，流行吃這吃那來防止衰老。另一個陣營則由深思熟慮、認真嚴謹的研究人員和臨床醫師所組成，由於抱持著懷疑的態度，很怕被貼上標籤，因此不厭其煩地忙著與狂熱者撇清關係。

　　狂熱者陣營通常會舉辦大型年會，裡面有十幾個甚至上百個行銷攤位，不斷透過喇叭和麥可風熱情而浮誇的宣傳，卻沒有什麼事實根據。這些熱情的提倡者投入巨大努力，試圖改變國家法規限制，將自己的研究設為第一重點，以符合他們的觀點。美國國家老化研究院（National Institute of Aging）的領導曾經向我承認，這些陣營裡面有些關鍵人物，「對美國國會支持老化研究做了很多破壞」。他指出，有些國會議員已經認為狂熱者就是代表了所有研究機構，因此他們覺得沒有什麼理由要支持這些國會認為「瘋狂的想法」。有鑑於這種認識，科學界和醫學界往往害怕會被歸於狂熱者同類，因此他們會特別小心，以免被其他老化界團體波及，一併被抹黑。

　　麥可・威斯和我曾經參加過一個關於「抗衰老醫學」的著名年度會議，會議上有各式各樣的演講人員聲稱磁鐵、水晶、冥想、去離子水、補充維生素等方式可以扭轉老化進展。這不是科學，簡直是妄想。

　　不幸的是，兩個完全不同的陣營之間，少有共識、妥協，或經過深思熟慮認識的中間立場。不過，無論如何小心，我都會因為積極解釋端粒理論和改變人類老化的前景，冒著受到某團體排擠的風險。我所面臨的巨大挑戰是：我該怎麼向大眾解釋如何更廣泛地認識生物衰老，以及為醫學和社會所帶來前所未有的影響？大眾就像研究人員一樣，對於老化大多抱持著某些成見，其中最重要的成見就是，我們永遠無法真正扭轉老化。

　　想要正確傳遞訊息並不容易。

　　全國性的醫藥記者採訪我，談論關於粒線體和不被重視的端

粒。大型書店認為《扭轉人類老化》是一本自己動手作的說明書，而將之歸在飲食健康類書區，但其實細胞老化或端粒與飲食一點關係也沒有。媒體認為老化與自由基有關；大眾認為正確的飲食可以減緩老化。但這些其實都不能真正改變老化。

我在 1996 年 4 月於美國國家衛生研究院發表演說，當時我發現自己進入了一間講堂，裡面有著好幾百位醫師和研究人員，他們都對老化有自己一套先入為主的觀念。

「當我的講座演說完畢，若大家離開這間講堂時覺得我們可以扭轉人類老化，那是不理性的。然而，如果有人覺得我們不能扭轉人類老化，那也是不理性的。如果各位是理性的，離開這裡以後，各位會認為我們不知道是否能扭轉老化，而且會想要看資料。那麼現在讓我告訴各位，我們所知道的是什麼。」

《扭轉人類老化》是解釋我們如何扭轉老化的第一本書，也預測了將帶給醫學和社會哪些前所未有的影響。如果我們延長端粒，我們會老化嗎？如果我們扭轉老化，世界人口會發生什麼事？生活費有什麼變化？延長的壽命對於道德倫理有何影響？這本書立基於明確的科學資料，但也預測我們可能會在未來數十年開始進行臨床試驗。我在 1996 年預測，改變人類老化的第一場臨床試驗將會在 10 到 20 年內進行。然而，僅僅 11 年之後，我的預言就成真了。端粒酶活化劑的第一個人體試驗，於 2007 年春天展開。

多了一位數字

後來基龍首席科學家卡文‧哈雷漸漸開始相信端粒理論在人類醫學方面所具有的潛力。有一次他送我一份禮物。他買了一組廚房刀具，拿了一張凳子，在上面精心雕刻 DNA 螺旋和 TTAGGG 的端粒序列字母，然後把他的名字縮寫和一組號碼 01994 用油漆寫在底座上。他告訴我：「你知道為什麼我在 1994

年前面還加了一位數字 0 嗎？因為如果你對於延長人類壽命的觀點是正確的，以後記錄年月日前面就需要多一位數字了」。

　　那本書的出版是詛咒也是祝福。我早就知道，許多讀者會陷入前面說的兩組對立陣營：狂熱者讀了書以後有太多聯想，懷疑的保守者則拒絕認真面對。有些人認為猜想是事實，其他人只把事實當猜想。然而，我到過世界各地去演講，因此有許多人都讀過那本書。我的目標只是要確保人們認識理論及醫學上的可能性。

　　有時人們越過了事實，但卻因自己過度腦補而生氣。我在史密斯森尼學會（Smithsonian Institution）演講的時候遇見一位聽眾，他不僅質疑我的研究報告，還發了脾氣。他站起來問問題的時候顯得很生氣。

　　他生氣地瞪著我說：「佛塞爾醫師，你的所有研究和實驗是不是都只是在細胞和實驗室裡面進行的，從來沒有進行過人體試驗對不對？我說的難道不是真的嗎？」他耀武揚威地肯定自己的立場是對的，認為自己已經把我逼到了角落。

　　「是的，謝謝，說得好。我沒辦法說得比你更好更簡潔了。」我看向其他聽眾。「有沒有下一個問題？」

　　他深感失望，但事實勝於雄辯。

　　由於老化學術團體的文化鴻溝，我對這本書的科學性反應是可以預見的。有些人會把書打折扣，有些人則不願意一讀（很多研究人員都不知道是誰最先公開老化的端粒理論）。有些人起身攻擊，不是因為書裡有錯，而是認為書裡太過像是猜想。

　　奇怪的是，科學需要依靠猜想。

　　任何好的假設都需要進行檢驗，但如果沒有假設，我們就不知道要檢驗什麼。我一直很清楚我們有哪些資料，沒有哪些資料，也同樣清楚什麼是假設，什麼不是。理論必須經得起測試，否則

就不算是科學。端粒理論是完全經得起檢驗的，但奇怪的是，很多反應和批評都不是因為理論不合理或錯誤，而是因為尚未得到證實。諾貝爾獎得主卡蘿・格雷德在 1996 年寫了一封信給我，裡面說：

> 端粒縮短與細胞老化有關，然而還沒有任何證據顯示，端粒會造成細胞衰老。此外，細胞老化和人類的老化之間，也沒有直接關係。

因此出現了一些批評，就這一點大書特書。有兩位知名的端粒研究人員，在他們兩封寄給出版社的信中使用相同的字眼，指責我的老化端粒理論是「侮辱了科學，也侮辱了科學教育」，要求我的書下架或禁售。

我好驚訝。或許動搖既有思維模式的，並不是支持的資料，而是有人要求在能夠進行檢驗之前先貼上封條。

> 無知有多大，獨斷的教條就有多大。
> ——現代醫學之父，威廉・奧斯勒（William Osler）爵士

到了 90 年代中期，端粒是細胞老化的核心關鍵，這點已經變得越來越清楚，但關鍵重點還是細胞老化對於人類疾病有什麼影響。更重要的是，我們可以利用這些知識來治療這些疾病嗎？對細胞生物學家來說，老化是一個學術問題，但在實驗室之外，這些問題涉及到活生生的人類，涉及到他們現實的醫療問題。患者不想要知道端粒酶如何可以延長端粒，他們想要知道的是，端粒酶究竟可不以延長壽命。

科學家處理細胞，醫師處理疼痛。

老化是一個抽象的概念，對於醫師來說，老化則是老人癡呆

症、心臟疾病、關節痛和恐懼，我們所有人遲早都要面對這些事。重要的問題不是細胞，不是老化，甚至不是醫學上的疾病，而是**介入性治療**。我們能否找到一種方法來治療疾病，不要因為老化而使疾病削弱了我們的生命？我們是否可以改善所愛、所關心的人的生命？

我不想**認識**老化，我想要**治療**老化。

我寫了幾篇具有影響力的醫學報告，有史以來首次解釋一般的老化端粒理論，並建議我們可以利用端粒酶來治療老化相關疾病。我將端粒酶視為一種在細胞層級直接重置老化過程的方式。我在美國醫學會期刊（*JAMA*）發表的文章中，匯總資料，並提供一個案例，解釋端粒酶如何可以改變我們治療老化相關疾病的能力。這些文章是第一次發表，經過同行評議，認為縮短端粒不僅會造成細胞老化，也會造成人類老化，而延長端粒則可以治療老化相關疾病，並在實際上真正扭轉老化。

對於這些文章，醫學界、學術界、科學界均反應良好，然而，我們仍需要資料。

在發表這些先驅性的醫學報告幾年之後，基龍證明了端粒酶確實可重置細胞老化。在此之前，這項工作大多都屬於理論性質，基龍初步的成功以及老化的端粒理論都須依賴實驗室的研究結果，而這些成果則由卡文・哈雷所率領的團隊取得。卡文的工作強調了端粒與細胞老化之間驚人的相關性，但他的研究成果不僅如此。他與同事證明了，端粒縮短不僅與細胞老化有關，實際上端粒縮短還會導致細胞老化。

我在 1999 年發表於 *JAMA* 的報告，如今在基龍實驗室得到證實。

進一步說，哈雷證明，當端粒酶在老細胞裡面重置了端粒的長度，恢復為年輕細胞的典型長度，老細胞就會恢復年輕，與一般的年輕細胞相同。簡言之，端粒長度的變化，不僅僅單純是與

細胞老化相關，而是負責細胞的老化，還好端粒長度是可以重置的。在人類歷史上，我們首度真正扭轉了人類的細胞老化。我們可以利用端粒酶使時光倒流，讓一個老細胞變年輕。

1999 年，基龍的科學家們發表了一分劃時代的報告[1]，他們發現，當我們重置人類老細胞中端粒的長度，不僅能重置海弗烈克極限，也重製了基因表現圖譜。人類老細胞的外表和行為將再度恢復為年輕細胞的樣子，老化已不再是生命中一個不可改變的事實。細胞老化現在可能依照個人意願而重置。這個實驗雖然只在細胞上進行而非病患身上，但仍是人類史上首度扭轉了細胞老化，是臨床治療上邁出的重大第一步。

這個研究一開頭，隨即立刻有其他的研究接棒，進行更深入的工作，下一步則是要扭轉人體組織的老化。沒多久，我們就證明了初步的研究成果絕非僥倖。

緊接著進入 21 世紀，不到幾年的光景，基龍和學術界實驗室所進行的一些實驗顯示，研究人員可以扭轉細胞的老化以及這些細胞所造成的組織老化。例如，如果從一名老人身上取得最常見的人體皮膚細胞（纖維母細胞和角質細胞），將這些細胞放在一起培養，這些細胞會形成薄薄的皮膚組織，容易破裂。如果從年輕人身上取得相同的細胞，則會形成較厚的複雜皮膚組織，也就是在年輕人身上可以看見的典型皮膚。但是，如果我們從老人身上取得皮膚細胞，重置其端粒的長度，最後形成的皮膚組織卻會是典型的年輕人皮膚[2]。簡言之，我們可以扭轉老皮膚細胞的老化，

---

[1] Shelton, D. N., et al. "Microarray Analysis of Replicative Senescence." (複製性衰老的微陣列分析) 939-45.

[2] Funk, W. D. et al. "Telomerase Expression Restores Dermal Integrity to In Vitro-Aged Fibroblasts in a Reconstituted Skin Model." *Experimental Cell Research* (重組皮膚模型中，端粒酶表現重置皮膚完整結構於試管培養的老化纖維母細胞。」《實驗室細胞研究》) 258 (2000): 270-78.

長成年輕的皮膚。

　　類似的結果也發生在人類血管細胞上，我們可以利用老細胞培養出年輕血管組織[3]，可以利用老人骨細胞培養出年輕骨組織[4]。在所有案例中，當我們將端粒的長度恢復成為年輕細胞的長度，就可以使老細胞變成年輕細胞，長出的組織外觀和功能也一如年輕的組織。

扭轉細胞老化，即是扭轉組織老化

　　進入二十一世紀以來基龍已經複製了兩個端粒酶的關鍵部分（hTERT 與 hTERC 一起組成端粒酶蛋白），也學會有效運用端粒酶基因。有了這些工具，基龍已經有能力在實驗室中重製人類的端粒，但臨床上還做不到。因此關鍵問題變成，不是我們是否可以扭轉**細胞和組織**的老化，而是我們是否可以扭轉**整個生物體**的老化。端粒酶療法的舞台似乎從實驗室搬到人體試驗。理論是紮實的，技術是可行的，我也已經準備好要開始幫助人類病患。

　　端粒酶是延長端粒和重置細胞老化的酶，其中包括有兩個活性部分：活性蛋白質部分的 hTERT（人類端粒酶反轉錄酶），以及模板部分的 hTERC（人類端粒酶 RNA 組）。hTERC 告訴酶究竟要將哪一段 DNA 鹼基放入端粒，還有放入的順序。hTERC 就像是藍圖，hTERT 則進行實際運作。想要延長人類端粒，兩者必須同時存在運作。這兩個端粒酶的部分，對於我們稱為急性功能

3　Matsushita, S. et al. "eNOS Activity Is Reduced in Senescent Human Endothelial Cells." *Circulation Research* 89 (2001): 793-98.（「eNOS 的活性在老人血管內皮細胞中降低。」《循環系統研究》）

4　Yudoh, K. et al. "Reconstituting Telomerase Activity Using the Telomerase Catalytic Subunit Prevents the Telomere Shorting and Replicative Senescence in Human Osteoblasts." *Journal of Bone and Mineral Research* 16 (2001): 1453-64.（「重建端粒酶活化利，用端粒酶催化亞單位，防止人類造骨細胞的端粒縮短與複製衰老。」《骨骼與礦物質研究期刊》）

（acute function，包括介入性治療）是絕對必要的，但還有許多其他蛋白質和輔因子對於修飾、控制、長期維護端粒是必需的。此外，在目前的文獻中，幾乎每週都有針對新因素的詳細描述，因此要跟上進度幾乎是不可能的，而這些進度也沒有減緩的跡象。

　　但是，即使資料已經顯示老化的端粒理論是正確的，然而將知識應用於治療疾病的進展，卻有其他因素介入而開始減緩。雖然很多人不了解端粒理論及其影響，但問題並不在這裡。如果科學的進步變得委靡不振，問題往往不在科學，而是人性。

第二步：分崩離析

　　有一個老故事，某個小城一天來了一輛汽車，這是居民們有史以來第一次看到汽車。一位老人看著車問：「馬在哪裡？」司機表示不需要馬，並解釋有汽油引擎。「喔，不錯！」老人說，接著又問：「馬在哪裡？」

　　基龍公開宣布端粒是細胞老化引擎的時候，狀況大致就像這則故事的內容。問題不在於可以重置老化的想法令人感到混亂，而是人們從來沒聽過這個想法。可以扭轉老化的想法根本就不合理，所以很多人乾脆無視這些研究及影響，這真是不幸，因為這些研究具有深遠的意義。通過這些研究，我們不僅能扭轉細胞老化，也能扭轉老化疾病。

　　在某些情況下，即使是置身端粒和細胞老化研究中心的人，也不見得能夠掌握這些意義和影響。舉例來說，有許多基龍公司的成員儘管了解資料、儘管與關鍵人員緊密合作，但他們也很難相信端粒實際上真的在細胞老化中扮演重要角色，更不用說端粒延長可能是我們所想要的臨床介入性治療。正如我們即將讀到的，不相信資料意義的這個問題，阻礙了研究從實驗室移轉到臨床的速度。

　　過去十年來，幾間生技創投的失敗都是由於投資者一開始熱衷投入，但在現實中卻不相信研究資料。若期望那只是一組可能會影響細胞老化甚至癌細胞的實驗，投資者熙熙攘攘，但是當來到進行人類老化的臨床試驗，投資者便難以克服心中認定的預設立場，認為老化是無法改變的。就像老人頭一次看見不用馬拉的車，怎麼都無法改變自己一輩子的立場。

　　必須要有一匹馬。

　　不幸地，對於病患而言，在那些無視臨床可能性的人之中，有些人是為基龍進行策略性決策的。董事會與致力於端粒和細胞老化的科學顧問，對於不可扭轉老化的設定，最後也只能無能為力。儘管研究證實，但包括細胞在內，他們仍無法接受扭轉老化的預設立場，更遑論是人類老化所引起的疾病。資料很清楚，但卻沒人相信。由於有這種預設立場，加上他們理解了公司要成功所需負上的的財務責任，於是便改變了優先順序。

　　基龍成立以來，首要任務一直是要改變老化過程，如今卻被兩個更加可信而保守的次要目標所取代：一個是比較優先的癌症療法，另一個是其次的幹細胞。老化被靜靜擱置在一旁，變成企業不可言的尷尬。麥可・威斯身為創建基龍初期遠景的關鍵人物，終於被調到一個沒有作用的職位上，最後離開公司。基龍裡面再沒有人有強烈的決心去研究老化和端粒酶活化的潛在臨床價值。麥可・威斯離開後，公司先針對他所有的工作和專利取得許可，然後再拋售。

　　到了 2002 年，基龍已經確認了一批強力的端粒酶活化劑，但卻被認為不具有策略性價值，藥物開發於是又被擱置。許多學術界研究人員將這些化合物進行額外的測試，但大部分工作仍侷限在基礎科學，只有少數是針對人類疾病。

　　端粒的研究增加了我們對於端粒酶的生物學和化學基礎知識，並於 2009 年伊麗莎白・布萊克本、卡蘿・格雷德、傑克・蕭斯塔

克獲得諾貝爾獎之際到達顛峰，但那只能算是純粹的學術研究。人們對於醫療潛力方面幾乎沒有興趣，更不用說運用端粒酶進行人體試驗。只有一些企業家例外，等一下我會提到。

基龍不僅不再是治療老化相關疾病最有可能的領導者，實際上他們還在臨床進度上踩了剎車。由於該公司擁有不可抗的關鍵專利卻沒有加以**運用**，使得後繼的新創生技公司難以將基本的端粒**理論**轉換為臨床的端粒酶**醫療**。許多想要進入此領域的研究人員和生技公司都被握有專利的基龍阻礙。基龍擁有索賠權利，可以向任何生產產品的新創生技公司索賠，因此其他新創公司幾乎不可能獲得投資。非營利性質的學術研究則仍在繼續，儘管臨床的可能性很高，但由於專利問題，大多數生技投資者仍會避開端粒酶的相關治療。

幸運的是，基龍終於將端粒酶活化劑的資料和專利提供給他人。2002 年，基龍將這些化合物的營養醫學補充品專利權賣給 TA 科學公司，並於 2011 年將所有化合物或營養醫學補充品等的獨家代理權出售給該公司。基龍握有幹細胞專利的時間較長，但最後還是在 2013 年賣給了一家新創生技公司 Bio Time，CEO 兼創辦人當然非麥可‧威斯莫屬。幹細胞的研究工作終於回到了 10 年前首先開啟此一領域的人手上。麥可的公司正針對老化相關的黃斑部病變以及脊髓損傷，致力於開發胚胎幹細胞療法。

基龍現在僅僅關注端粒酶抑制劑，這在他們原有的技術中可以說是最沒有前途的。

諾爾‧巴頓（Noel Patton）是個有遠見的生意人，他看到了端粒酶的臨床可能性而買下基龍的端粒酶活化技術。在 1980 年代，巴頓曾是美國首批進入中國經營商業的生意人之一，他對老化有濃厚的興趣，也是基龍的早期投資者之一，一直密切關注其專利。基龍有一組四個端粒酶活化劑，這些固醇分子統稱為「黃耆總皂苷」，是從植物黃耆根部提取，已在傳統中藥醫學中運用了數千年。

　　巴頓發現，基於人類長期使用的歷史，可以確定黃耆這種植物的「安全性」，因此可以把黃耆當作「營養醫學補充品」來販賣。雖然黃耆不可宣稱有治療人類疾病的療效，但我們等一下會看到，有越來越多的證據證明，活化端粒酶對於老化相關疾病有重大的臨床效益。營養醫學補充產品的經銷商可以泛稱產品具有減緩老化、提高人體免疫力的功能，以及促進整體健康和幸福等的價值。2002 年，巴頓買下基龍的權利以後，成立了 TA 科學（TA 就是 telomerase activation，端粒酶活化的意思），開發了一種萃取和純化黃耆的方法。2006 年，他們開始生產 TA-65 膠囊，並在美國銷售。

黃耆：古老的中藥

　　黃耆是一種多年生植物，莖多毛，葉小而對稱，外觀近似野豌豆。高度大約能生長到 1 或 1.5 公尺，原產於中國東北、蒙古和韓國，但在大多溫帶地區都能種植，包括北美大部分地區。種子在網路上可以買到。

　　黃耆採收一般為四年生的老根，經乾燥、研磨後製為藥草茶服用。現在，黃耆可以製作為端粒酶活化劑，將根部萃取純化為凝膠，製作成膠囊後販賣。黃耆（乾燥根部）可以在傳統中藥店買到，或購買黃耆茶，萃取的營養補充品則可在健康食品等商店購得。然而，這些產品並非活化端粒酶的黃耆總皂苷可靠來源。目前一些對於市面黃耆茶飲和萃取產品的檢測報告，只得到微量的黃耆總皂苷。消費者要選擇什麼產品，請自行決定。

Astragaloside IV

Cycloastragenol

Astragenol

Astragaloside IV 16-one

黃耆分子。

黃耆有四種固醇化合物，其中 Cycloastragenol 最活躍，稱為 TAT2。另外還有其他潛在端粒酶活化劑，包括 GRN510、AGS-499 等類似化合物。

　　有一次我問巴頓，為什麼要涉足端粒酶活化劑的領域。他笑著說：「嗯，肯定不是為了錢。我的生意已經相當成功，沒必要賺更多錢來維持我的生活。TA科學賠了8年，費盡千辛萬苦，好不容易財損平衡。不過也不是因為我想要拯救人類。我第一次發現端粒和端粒酶活化劑，是在我要50歲的時候。我知道我不會永遠活著，但我不想要因為老化而變得不健康。我喜歡滑雪、打網球、跳舞，我希望繼續享受生活。我想，或許你可以這麼說，其實，我這樣做是為了救我自己的老屁股。」

　　如果巴頓僅僅是開始銷售一種宣稱可以扭轉老化的產品，他就不會那麼出名，也沒有那麼大的效果。但是巴頓更進一步。相較於宣稱類似療效的產品，TA-65的成本相對非常高，但他利用營收來資助臨床研究，了解產品對老化的影響。該研究針對與老化相關的變化，例如免疫功能、認知功能、骨密度、血壓、視覺對比認知力、皮膚彈性、關節功能等，對患者進行血液測試和體格檢查。這樣做目的是要看看，活化端粒酶是否符合我們許多人的預測，這做法的確具有臨床效益。

　　TA科學並不孤單，還有其他檯面下的努力正在進行，想要運用端粒酶進行人體試驗，以證明其治療疾病的可能性。

　　早在2003年，我擔任美國老化協會常務理事，當時有一對資金雄厚的慈善家夫妻邀請我飛到加州，他們提供我超過10億美金，全權委託我對端粒酶進行臨床研究。他們讀了《扭轉人類老化》一書，相信端粒酶具有治療人類疾病的潛在能力。我終於有足夠資金可以把老化端粒理論的概念，從實驗室搬到臨床進行研究。我打電話給卡文・哈雷，討論我們可以在醫療環境中如何測試端粒酶。我們並不孤單，許多在科學和醫學界的同伴都知道它的可能性，所以都很希望與我們一起前進，我的計畫得到大力支持。我準備要在人類的膝蓋測試端粒酶以治療骨關節炎，還要治療冠狀動脈硬化，我甚至計劃開始端粒酶試驗，以治療阿茲海默

症。我的計畫既有技術，又有醫療專業知識，而且現在，我也終於取得最需要的財務支持。可是在最後一分鐘，就在我們即將要簽訂財務文件的當晚，捐助者產生了質疑，計畫突然中止，宣告永久胎死腹中。

在支援我臨床試驗的援金被撤回之後，我只能改變戰略，以包抄緩攻為主。我寫了第一本端粒酶的醫學教科書（目前仍為市面上唯一一本），書名是《細胞、老化、與人類疾病》（*Cells, Aging, and Human Disease*）[5]。雖然大部分端粒酶的研究仍局限於學術面，但仍有一小撮通曉醫學潛力的生技研究人員和企業家在繼續向前邁進。他們成立了幾間小型生技新創公司，各各尋求不同的方法，想要重新延長人類的端粒，以進行臨床介入性治療。

前幾年我在義大利的一場會議中與比爾・安德魯斯（Bill Andrews，基龍前任分子生物學部門經理）一起促膝長談，我們大致談論的是端粒老化理論。我當場說服了他，所以他後來很快成為在臨床運用端粒酶活化劑的領導性研究人員。2003 年，比爾在內華達州雷諾市成立新銳科學（Sierra Sciences）公司，專注於化合物的高速隨機篩選，以尋找更好的活化劑。儘管他與投資者後來在財務上出現不少困難，比爾卻堅持不懈，最終發現也確認了 900 多種具有潛在價值的端粒酶活化劑。其中雖有一些受到毒性或副作用的限制，但其他最好、可能可以使用的活化劑，在扭轉一般人類細胞的老化上，也只顯示出約 6%的活性。不過，以這些化合物為起點，比爾和團隊同心協力孵育出更有效的化合物。他們只花了兩、三個月的時間，就得到低毒性的 16%活性化合物，我相信他們總有一天一定能夠發現 100%的活性化合物。

不過就像在基龍一樣，要找到相信臨床未來的投資者並不容易。2008 年的金融危機也波及到這間新銳公司的財務，使他們難

---

5 紐約，牛津大學出版社，2004 年。

以持續研究，也無法進行臨床試驗。比爾因而開始巡迴演講，想要提高大眾對於科學及臨床未來的認識，同時也希望能找到新的投資者。比爾的團隊相當執著於研究端粒酶活化劑，毫不懷疑新銳科學能夠排除萬難而持續追尋著。

　　TA科學致力於將端粒酶活化劑以營養醫學補充品的形式銷售到市場上，新銳科學則尋求更好的端粒酶活化劑。此外，還有另一組人馬，由研究員巴里・佛南納瑞（Barry Flanary）所率領，他們以不同的方式切入，試圖找到直接控制端粒酶蛋白質的方法。2005年，巴里在鳳凰生物分子（Phoenix Biomolecular）公司，想要用一種新技術將端粒酶蛋白質輸入細胞。這研究成功的機會很高，他在技術上有所突破，眼看臨床成功就在眼前，但商業和財務上的問題卻帶來許多阻礙，終於迫使鳳凰關門大吉。

　　十年來，唯一可行的結果就是TA科學所建立的臨床研究。如今他們歸納了自2007年以來，數百名病患持續服用口服端粒酶活化劑的臨床資料，於2011年首先發表第一篇論文[6]，兩年後出版第二篇論文[7]。兩篇論文都是測量白血球的端粒長度變化，並尋找臨床生物標記的實際改善證據，例如隨著病患變老，他們免疫功能或血壓的變化。2011年的論文顯示，口服端粒酶活化劑 TA-65 後，免疫功能確實可以被重置（得到的資料似是來自於較年輕的人）。2013年的論文顯示，膽固醇、高密度脂蛋白、葡萄糖和胰島素濃度同樣可以進行重置。這些結果相當顯著，只可惜並沒有什麼戲劇性返老還童的現象，因此促使我們大家想尋找更有效的

6　Harley, C. B. et al. "A Natural Product Telomerase Activator as Part of a Health Maintenance Program." *Rejuvenation Research* 14 (2011): 45-56. (「運用天然產物端粒酶活化劑，作為健康維護計劃的一部分」《回春研究》)

7　Harley, C. B. et al. "A Natural Product Telomerase Activator as Part of a Health Maintenance Program: Metabolic and Cardiovascular Response." *Rejuvenation Research* 16 (2013): 386-95. (「運用天然產物端粒酶活化劑，作為健康維護計劃的一部分：代謝與心血管反應。」《回春研究》)

方法，以再延長人類端粒。

　　來到新世紀後的第一個十年，我們看見了一些進展，同時，扭轉老化的療法在商業發展上也面臨了許多挫折。但全世界的大學和研究所實驗室，都在進行許多有希望的工作。大多數的研究主要集中於基礎科學，這些研究人員包括了獲得諾貝爾獎的布萊克本、格雷德和蕭斯塔克。更實際（而重要）的工作，則是由看見了此領域臨床未來的那些人所完成的，包括：加州大學洛杉磯分校的麗塔・艾弗羅斯，她致力於研究免疫老化與端粒酶活化劑。榮恩・迪平荷在哈佛時，已經實際在某些基因改造動物身上扭轉老化。馬德里的西班牙國家癌症研究中心的瑪麗亞・布拉斯科發現，某些動物物種有許多老化層面上的問題，都可以受到扭轉。

黃耆：消費者選擇什麼產品，請再度自行決定

　　黃耆總皂苷（萃取自黃耆），最早由基龍公司於 2000 年取得專利，並於 2002 年獨家授權給 TA 科學。儘管受法律限制，但不論是否合法、是否可靠，其他數個供應來源都如雨後春筍般出現在網路上聲稱自家產品含有黃耆總皂苷，可作為端粒酶活化劑。這些化合物的合法性、來源、純度都有爭議，端粒酶的活化功效也難以評估或證明。負評和宣傳造成了市場混亂，使得消費者和臨床醫師不知應從何選擇。

　　整體來說，學術和商業的進展讓結果漸漸展現在世人面前，即使抱持懷疑態度的人都不得不承認端粒酶的潛力，但緩慢的進度卻令人沮喪。另一方面，新一代的科學家認為，端粒是老化過程的中心，這個概念自然又合理。大眾慢慢開始相信端粒的角色，還有端粒酶所能帶來的好處，但其中還是有許多謬誤和過分渲染

的問題。網站、電視、SPA 等各種商業團體有最新的研究資訊，利用藥草、冥想、飲食、藥丸和其他據稱有效的介入性治療措施，都可以影響端粒的長度。基於端粒縮短會導致人類老化的假說，許多這些治療方式都公然宣稱能夠重新延長端粒。整體來說，其中有很多產品都被證明是無效的，也有很多只能提供最低限度的功效。但即使是已知最有效的化合物「環黃耆皂甘」（cycloastragenol）也不如我們大多數人所期望的那樣有效。

雖然 TA 科學的口服製劑 TA-65 在 2013 年是市場唯一可購得的端粒酶活化劑商品，但有幾家公司正在利用不同的端粒酶活化劑，研發護膚霜、動物醫藥產品以及醫學產品（相對於營養醫學補充品）等。

第三步：再度升空

> 站在希臘之神傑納斯的位置看待歷史中的偉大思想。往前看，愚蠢不堪；向後看，不堪愚蠢。我們都在未知中踽踽而行[8]。

若說 90 年代是希望的十年，2000 年是經過緊縮的十年，到了 2010 則有全新的開展。大眾逐漸認識到老化本身可能是可以改變的，而且端粒扮演了核心角色。有越來越為數眾多的人，努力尋找方法（通過延長端粒）來扭轉他們的衰老，也有越來越多公司努力滿足這種需求。其中至少有一個產品展現了活性，還有其他幾間公司有能力提供端粒的測量。這些公司從學術研究實驗室中

---

8 傑納斯（Janus）是希臘羅馬神話中守護天國的門神，具有雙臉，一面看著過去，一面看著未來，掌管一切的開始與結束。這句話源自作者的著作《細胞、老化與人類疾病》，2004 年，牛津大學出版。

成長（就像有越來越多的公司提供病患的基因和突變鑑定），能夠依據端粒縮短的情形來評估老化的年齡。

其中一間公司叫做端粒診斷（Telomere Diagnostics），由卡文‧哈雷所創立，總部設在加州門洛公園。第二間是生命長度（Life Length），由瑪麗亞‧布拉斯科成立，總部設在西班牙馬德里。這兩間公司以不同的方法，同樣提供測量端粒的長度，預測老化和疾病的風險。這兩間公司除了在醫院和醫師辦公室具有臨床市場潛力，同時可觀察端粒長度對人類老化和疾病的重要性，因此人們對這兩間公司的興趣和信任都漸增，而這兩間公司也是良好的指標[9]。此外，市場上也出現可以測量端粒長度的公司和實驗室，讓我們也越來越容易執行治療老化相關疾病等研究，以開啟重新延長人類端粒的人體試驗。人們對於發展實用的介入性治療，突然產生急遽增長的興趣，希望能利用端粒酶重置基因表現並治療老化相關疾病。

甚至受限於狹隘細節的學術文獻也開始轉變。有越來越多文章辯論測量端粒的價值，或專門討論可以透過飲食、冥想、補充品來延長端粒。一個較為根本的轉變也開始出現：進行端粒酶方面工作的人，已開始利用端粒酶改變衰老的進程，或用來治療動物的老化相關疾病。端粒酶的臨床醫學可能性終於受到公認。畢竟，如果我們能夠扭轉老鼠老化的相關退化，那麼為何不能運用在阿茲海默症的人類患者身上？然而，即使是在進行動物實驗的人員，都不願意公開談論端粒酶治療人類疾病的可能性。

雖然端粒酶活化劑和端粒酶的蛋白質已經獲得認同，而且黃

---

9 Fossel, M. "Use of Telomere Length as a Biomarker for Aging and Age-Related Disease." *Current Translational Geriatrics and Experimental Gerontology Reports 1* (2012): 121-27. （「運用端粒長度為老化與老化相關疾病之生物標記」《當代轉譯老人醫學與實驗老人學報告》）

耆也早已進行了非正式臨床試驗，但卻還沒有人冒險跨出大膽的一步，轉而進行人體臨床試驗。到了 2010 年，已有許多方法可遞送端粒酶，例如腺病毒和微脂粒（脂質體）。我們已經證實能成功運用腺病毒，最著名的便是馬德里的瑪麗亞・布拉斯科[10]。我們已知微脂粒不太能夠進入細胞，但有時也能成功。使用人工微脂粒的問題是，人體難以讓這些人工物進入正常的體細胞或穿越血腦屏障，這是一個藥理學上的常見問題。

　　在 2013 年，部分已解散的鳳凰生物分子生技公司前員工，想要邀請卡文・哈雷和我共同參與一項新計畫。他們想用微脂粒載入端粒酶基因，就像我在二十年前曾建議過的一樣。但當時我極力主張不要將這項技術應用在化妝品市場，而是要進行試驗，用來對抗阿茲海默症。很可惜，這項計畫雖有潛力，後來卻沒有建立起可行的商業模式，而是因錯誤的決策胎死腹中。

　　創業要成功，不僅僅需要資金和商業人才，還要能認清現實。正如本章反復強調，在過去的二十年，端粒酶還未進入臨床試驗的主要原因，是許多參與者，包括投資人、管理和研究人員心裡難以說服自己改變觀念。除了幾篇醫學報告和一本教科書，很少有針對老化端粒理論的解說，因此連研究人員都難以有正確的認識。關鍵的問題仍然是：人們自己都不相信老化是可以扭轉的。有家生技公司的創立主旨在於扭轉人類老化，但還在募集資金階段旋即宣告失敗。這個新創生技團隊向創投報告的時候，直說他們可以扭轉老化，而不是說他們可以治癒老化相關疾病，結果公司還沒開始就結束。

---

10 de Jesus, B. et al. "Telomerase Gene Therapy in Adult and Old Mice Delays Aging and Increases Longevity Without Increasing Cancer." *EMBO Molecular Medicine* 4 (2012): 1-14. (「成人端粒酶基因治療與老齡小鼠延緩老化與增加壽命而不增加癌症」《胚胎分子醫學》4 (2012): 1-14)

我們是否可以利用端粒酶進行人體試驗？

可以，但只能巧用心智，抱著資料耐心等待。我在寫這篇文章的時候，聽聞一些大規模人體試驗可能會利用幾種方法來重新延長人類病患的端粒，這些方法包括：端粒酶活化劑、端粒酶基因、端粒酶 RNA、端粒酶蛋白。治療阿茲海默症癡呆等老化相關疾病的關鍵不在於科技。我們只需要運用統整能力，執行少許的幾個步驟，將現今侷限於人體細胞的作業往前邁入人體試驗即可。

結語

過去的二十五年中，在端粒的領域有兩條不同的路線：基礎科學和臨床可能性。在第一個基礎科學的領域中獲得了世界的矚目（以及諾貝爾獎），然而儘管科學進步，這項工作對於一般人的生活卻沒有多大意義。而第二個領域在治療人類疾病的能力方面，最近才開始得到人們的認同，然而，這個領域才真正具有歷史上的意義。

基礎科學一開始是觀察細胞老化與端粒長度的變化有關。端粒有其極限的老化理論這種觀點，在十至二十年之間為人們所接受。根據這個主張就能治療疾病——雖然端粒驅使細胞老化，然而人類的老化和老化相關疾病是受到細胞老化所驅使。早在二十年前，老化的端粒理論就為我們打開了更廣闊的視野，但直到現在才漸漸為人們所接受。由於我們無法掌握概念，推遲了臨床研究進展，但在過去數年中，事情已經開始再度向前推進。科學界和大眾的理解持續在成長中，我們也開始進行相關工作，這將會成為人類所知最偉大的醫學突破。

我們正站在治療老化及其疾病的風口浪尖上。

第五章

X

直接老化：雪崩效應

想到老化，我們便停止思考。

我們只是略過老化的想法，然後將焦點放在老化相關疾病方面。有些老化疾病是可以治癒的，就像某些癌症一樣。對於其他疾病，我們充其量只是治標。至於老化本身，我們可以選擇順從，慢慢來到那個說再見的晚上，或怒斥光明的消逝，但是，無論是哪一種，老化總是無可避免的。

因為直到最近，我們才認識到老化是如何發生的。我們認為生老病死是生命的現實，是不可改變的，所以，我們治療老化的醫學方法當然也只能是治標不治本的。我們的心智已經關閉，不再有任何可能性。

然而我們面對其他疾病的態度，卻與面對老化的態度截然不同！

傳染性疾病所引發的是一種完全不同的反應。我們可以做些什麼來治療或預防感染，使人們恢復健康？我們發明了幾乎可以永遠打敗疾病的疫苗，如天花和小兒麻痺；我們開發了抗生素、抗病毒藥、抗真菌藥，還有抵抗敗血病的新方法；我們甚至已經分析了傳染性病原體的基因體。接下來我們還會做什麼？不知道。即使我們「適當地」擔心抗生素的耐藥性，我們的反應仍然很樂觀，充滿活力，向創新邁進。

　　然而，我們在認知到老化相關疾病的概念時，上述的一切都未曾出現。我們被動地接受老化，默默接受，不帶一絲疑問。

　　當我們面對重要的事情卻沉默以對，表示生命已開始終結。
　　　　　　　　　　　　　——馬丁・路德・金（Mortin Luther King Jr.）

　　是時候在生命終結之前做些改變了，老化疾病和我們每一個人都有關。要做到這一點，我們必須認識那些蠶食我們生命的疾病。我們需要知道老化如何運作，正如第二章所描述的，還有遺傳和端粒如何結合在一起導致疾病，這些都是我們計劃要治癒的。在本章中各位會讀到，我們的基因不會單獨行動，也不必然造就我們的命運。我們的基因本身並不會改變且具有影響力，而它們的複雜性和目的都被隱藏了起來。但是，我們的基因面對端粒、環境和行為的變化，**的確會**改變表現。然而，無論是端粒或行為，都無法改變我們的基因，但基因表現卻是可變的，會根據我們身上的所有變化包括組織、細胞、端粒而起反應。

　　人們通常認為「基因導致疾病」，因為基因會下達指揮命令，是無所不能的，這讓人不禁要問：**哪些**基因會引起**哪些**疾病？這種想法就像端粒造成老化一樣並不正確。基因與疾病有關，有時具有因果關係，但疾病幾乎從未能夠簡單歸納於某些原因。我們觀察大部分老化相關疾病，會發現基因不會「引起」這些疾病，端粒縮短也不會「引發」老化。

　　現實世界的精妙，巧不可言。

　　簡言之。**端粒縮短會暴露我們的遺傳缺陷，因而產生老化相關疾病**。為了解基因與老化的關係，特別是老化疾病，讓我們回頭來看第二章的比喻。我們把老化（縮短的端粒）比喻為在湖上航行的船，而湖水水位正逐漸下降中。水位越低，船越有可能撞

到石頭或擱淺在淺灘上。隨著時間的經過，船隻將變得無法航行在湖水上。我們年輕的時候，端粒夠長，沒有遭遇災害的危險性。隨著端粒逐漸縮短，面對暴露的石頭，船隻沉沒的危險性就增加了。這種情況最後終將發生在我們所有人身上。

這是遺傳傾向和老化疾病之間的實際景況。行為風險和老化疾病的關係，基本上大致是一樣的。增加心臟病風險的一個基因，在我們 5 歲的時候並不會表現出來並造成我們動脈粥樣硬化，但卻可能在我們 50 歲的時候致命。同樣的，缺乏運動、飲食營養不良、抽菸等，都要在我們老化以後才會造成心肌梗塞，所以可能到了這個時間點，我們才要注意不要接觸這些風險。但逐漸受到侵蝕的端粒（加速縮短的風險與上述相同），卻會使老化相關疾病產生。

當我們探討與老化疾病相關的基因，如 APO-E4 與阿茲海默症，或與膽固醇代謝相關基因的動脈粥樣硬化，從來都不是百分之百的基因外顯率（例如，有些人具有該基因卻不發病，有些人發病卻不具有該基因）。所以簡單的假設是，如果我們能找到「引發疾病」的完整基因，就可以準確預測疾病。但實際情況是，基因並不會造成疾病，而是**基因表現造成疾病**。但基因表現受到無數個因子所影響，其中還包括我們的行為和端粒。

基因之所以造成疾病，取決於**基因如何表現**，以及**在什麼情況下表現**。

如果一個「危險基因」或一個「引發疾病」基因沒有充分表現，或是僅在適當的情況下表現，都不會造成問題。這些情況包括我們的飲食、行為、環境、其他的基因、老化等。我們還年輕的時候，基因可能是完全良性的，但當我們變老，卻可能會變得致命。

端粒會隨著年齡而縮短，同時有大量基因會改變表現圖譜。有些會增加表現，有些則減少表現，但許多基因都改變了對其他

基因或環境變化的反應。如果我們相信阿茲海默症和動脈硬化等疾病僅僅是受到某些特定基因隨時間累積的影響所引發，那麼我們就必定會認為我們無力改變老化相關疾病（因為無法改變基因）。但是，如果我們知曉實際情況的複雜性，基因表現的改變乃源自於端粒的縮短，那麼對於老化相關疾病的結論就會是──我們的確可以做很多事情來改變。

認識了老化如何引發疾病，我們就可以知道如何治療疾病。

若是由於端粒縮短，改變了基因的表現，導致引發老化相關疾病，那麼只要重新延長端粒，重置基因表現，我們就可能治癒老化相關疾病。想想前面航行的比喻，只要水位高，岩石和淺灘就不再能危害我們的性命，生命將得以安全無虞。

舉例來說，我們來思考一下靜脈曲張這個與老化有關的簡單問題，這個病通常是重力經過幾十年累積所導致的結果。我們可以假設，某些人比別人更容易得到這種病是由於遺傳變異。靜脈曲張是經年累月累積的結果，沒有什麼介入性的治療方式，即使有也是整形，於事無補。但是，如果靜脈曲張**不只是**由於時間和重力的作用，還有基因表現的變化呢？如果多年來累積的問題不在於時間和重力，而是細胞修復不良的結果呢？果真如此，則重置基因表現圖譜可能就可以促使組織修復損傷。時間不能倒流，但端粒理論為我們打開大門，讓我們可以恢復身體的老化。

今天，我們正在見證一件長期的假設與新見解之間的碰撞。

大眾、科學家和研究人員一向認為老化是單純的，是被動的損傷累積，並沒有實質性的介入性治療。而且老化無法扭轉，老化相關疾病也無法治癒。人們只能忍受老化相關疾病，或充其量進行一些治標不治本的舒緩治療。我們既不能改變基因，也不能躲避時間的流逝。我們可以治好或預防許多傳染病，但老化相關疾病則是每個人既定的命運。**世事不可強求，必須順其自然。**

在人類歷史中，阻礙進步的關鍵每每都是假設變化不可能發

生。這樣自我阻礙的假設帶來了故步自封的結果。唯有打破這些不經思考的假設，我們才能以深思熟慮的洞見取得進步。就本案的洞見來說，老化和疾病是基因表現逐漸累積的複雜變化，是動態的結果，在很大程度上，這些影響都是可逆的。延長端粒對於老化與相關疾病，都是介入性治療的有效特點。

在本章中，我們將聚焦於**直接的**老化相關疾病——老化的細胞就是表現病理的細胞。在下一章中，我們要探討**間接的**老化相關疾病——一團老化細胞，導致其他正常細胞的發病，這些正常細胞可以說是「無辜的旁觀者」。

直接的老化疾病，在細胞病理學上屬於「雪崩效應」，會發生在細胞老化阻擾細胞功能時。直接老化的一例是骨關節炎，我們在後面將進行更詳細的討論。骨關節炎的膝關節細胞中，端粒長度漸漸縮短，改變了基因表現，造成功能失調，引發關節面逐漸流失，伴隨產生疼痛和不良於行。關節裡的細胞（軟骨細胞）進行了直接老化，這些老化的軟骨細胞也就是造成骨關節炎的細胞。

讓我們用一個模型來了解，細胞老化如何導致直接的老化相關疾病。我們要創造一個細胞，裡面放進一兩個基因，加入一些蛋白質，看看在老化過程中會發生什麼事。為了能夠清楚舉例說明，接下來的討論可能會很超脫現實。

人體有一個超氧歧化酶（SOD）的基因，一般認為它扮演了老化的角色（實際上，SOD 是酵素家族，有幾種不同的酶，但我們把這些酶視為同一種）。SOD 掌握從我們粒線體逃脫的自由基，可以完全清除這些自由基，避免細胞受損。

所以這個細胞裡面有幾個角色：有端粒、SOD 基因、SOD 分子、自由基，還有一種細胞主產物分子，是一種可以組成肌肉的蛋白質。

我們假設身體的年輕細胞裡面有個 SOD 池，裡面有 100 個

SOD 分子和 100 個蛋白質分子。這個假想細胞的細胞庫呈動態變動，每天都會產生 50 個嶄新的 SOD 分子（同化作用 anabolism），分解回收 50 個 SOD 分子（異化作用 catabolism）。同樣的情況也發生在蛋白質分子池。池子和裡面的分子永遠保持相同**大小和數量**，但池中的分子總是在變化。分子每天都會更新，但始終保持數量為 100 個。分子分解是隨機的，所有超氧歧化酶分子之中，有一半會天天更新，所以另一半比較老，但兩者差別並不大。蛋白質分子池也一樣，天天更新一半，另一半比較老。

　　不幸的是，既然是一個典型的活細胞，所以會有大量自由基隨機破壞任何分子。我們假設每天這些自由基可以破壞細胞裡面 1%的分子。當然，如果不是因為有SOD，這些自由基會破壞更多分子，這些 SOD 可以說是細胞裡的「警察」，每天都在忙著「捕捉」自由基，確保自由基不會造成更多傷害。

　　我們可以建立一個公式，表示細胞受損的百分比（M 是代謝周轉率，會隨著年齡增加而減緩）：

$$x = 1 + [x(100\% - M)/100]$$

- 在我們**年輕細胞**中，每天更新（M）50%的分子（0.50），而自由基則每天破壞 1%的分子。因此池中受破壞的分子比例（x）為 2%。
- 但在一個**老細胞**中，我們每天只更新（M）2%的分子（0.02），而自由基每天依然破壞 1%的分子。池中受破壞的分子比例（x）因此升高為 50%。

　　因此，在年輕細胞中，正常約有 2%SOD 分子沒有功能，2%蛋白質分子受到破壞。分子池的大小和代謝周轉率良好，足以最低能量處理細胞的損壞。年輕細胞具有較高的代謝率（消耗大量能量），周轉率很高，受破壞的分子少到可以忽略不計。

　　然而在老細胞中，由於端粒縮短，造成 SOD 和蛋白質兩者的基因表現率也隨之下降，造成代謝周轉率變慢。原本每天更新 50 個分子（SOD 和蛋白質），老細胞卻變得每天只能更新 2 個分子。細胞的分子數量不變，但周轉率卻變得很低。受到自由基破壞的分子存在時間變長，造成無功能的分子由 2% 增為 50%。細胞的自由基並沒有變多，受損的分子也持續在更新，但問題在於，年輕細胞更新受損分子的速度，比老細胞要快。

　　事實上，情況還要更糟糕。由於 SOD 分子會對抗自由基，保護我們細胞的蛋白質分子不受損，所以實際上蛋白質分子受損率超過 50% 到 80% 左右。糟糕的事還沒完。由於 SOD 分子變得較容易受損，無法保護自己免受破壞，因此 SOD 分子池受損的情形比計算結果還要來得更嚴重。這是惡性循環。公式的設定是受損速度為常數（每天 1%），但隨著更新速率下降，損壞率卻節節攀升。因此，我們細胞的蛋白質分子受損情形比我們想像得更嚴重，有 80% 甚至 90% 的損壞。

　　然而，我們只做了一件事，就是減緩基因表現的速率。

　　我們並沒有增加細胞產生自由基的數量，破壞也非永久性的，只是不再像年輕細胞一樣快速更新受損的分子。這些受損率等數

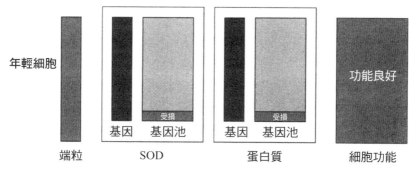

在年輕細胞中，端粒長、基因表現率高、受損低，細胞功能良好。

字只是用來顯示蛋白質的基因表現如何隨著老化而減緩，效果相當真實。真正的細胞情形則更嚴重，由於分子的更新速率減緩，老化細胞的粒線體會開始產生更多自由基。最後，除了自由基，還有其他因子會導致分子受到破壞。細胞的實際情況更是複雜無比，但老化的影響仍勢不可擋。由於端粒變短，導致細胞功能失常。

縮短的端粒會引發雪崩式的功能失調，導致產生疾病。

這正是人類老化相關疾病發生的情形。在直接老化疾病案例中，這些結果可歸納於單細胞型態，如軟骨細胞、淋巴細胞、纖維母細胞等。在每種型態的細胞中，老化都會導致某種相關疾病。本章的其餘部分，我們將描述這些特殊的老化相關疾病，以及特別會發生這些疾病的器官位置。老化疾病有一個共同點：目前都沒有治療辦法。然而，這種說法在某種程度上並不是真的。例如，我們可以換關節，做冠狀動脈繞道手術，也可以控制膽固醇、血糖和血壓。然而，以目前的醫學介入性治療方式，我們卻無法治癒或預防任何老化相關疾病，甚至無法稍稍減緩惡化速度。一點辦法也沒有。在解說每一種疾病的時候，我們會勾勒出目前的治療方法，而我們將看到的是，除非我們能夠延長端粒，否則對患

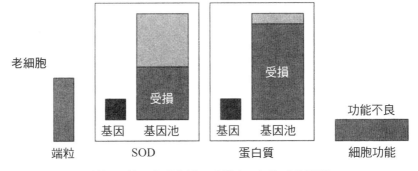

在老細胞中，端粒短、基因表現率低、受損高，細胞功能降低。

者、照護者以及醫療費用來說，前途都將是黯淡無光的。

接下來討論的幾個注意事項

我很想要把老化相關疾病的花費告訴給讀者知道，包括要受多少痛苦，還有治療要花多少錢，不過我只能給出一個大概，我在這裡不太可能導出一個世界通用的可靠資料。例如，阿茲海默症患者在美國、英國和澳洲有很精準的統計資料，但一些非洲國家或東歐則找不到資料。因此，我大部分的數字都來自美國可用的資料庫。

還有，這些數字中很多都沒有明確定義。例如，阿茲海默失智症的醫療診斷已經有了實質性的改變，而新的診斷方式普遍是使用生物標記。

最後，財務開銷的定義太多，量化很困難。我們是否只計算保險費、住院費、政府醫療預算項目，或是其他費用？還是只計算「直接成本」，如住院治療、手術和藥物？要不要也計算「間接成本」，如非醫護家庭成員的照顧費用、失去的工作機會，以及其他無形的成本？

儘管如此，即使最後計算結果多了或少了 10 億美元，人數統計相差 100 萬，由於數字很大，這樣粗略的統計還是具有一定的價值。而且規模大小，對受苦的人來說並沒有什麼意義。

除非我們能夠真正介入治療，除非我們能夠延長人類的端粒，否則都得面臨一個明確且不可避免的事實：在不久的未來，這些疾病都在等著我們。

就疾病來說，關鍵問題在於介入性治療。我們可以預防或治療疾病嗎？無論是什麼疾病，每個人都會站在自己的角度，問這個實際的問題，學術性或純科學的問題則是其次。對於人類所有老化相關疾病，我不關心各位是否都具有深入的科學認識，我關心的是，各位能否站在人性的一面，了解細胞老化如何造成這些

疾病，以及端粒酶治療為何會有效。現在我們已經很清楚地知道，老化不再是無可避免的神祕謎題，而是由於一組特殊的變化，造成特殊的疾病，而這一切都可以運用端粒酶來緩解或治療。我們首先就是要以預防和治療來探索老化相關疾病。

一開始我們要討論的是免疫系統，免疫系統面對各種疾病如感染、惡性腫瘤、自體免疫等時所出現的一般防禦反應，會對全身造成深遠的影響。很多老年人是死於感染症或癌症等，而非阿茲海默症、動脈硬化、COPD 慢性阻塞性肺病等老化病態，即使這些老年人身上都有老化相關病症。在這方面，免疫系統老化是個薄弱環節，成為老年人死因中最後的公分母。

然後，我們要看看其他疾病的老化細胞類型和器官。首先從關節和骨骼（骨關節炎和骨質疏鬆症）開始，然後是肌肉、皮膚、激素、肺、胃腸系統、腎、感覺系統等。然後，我們會在下一章仔細研究兩種面臨老化時最迫切的疾病，也就是阿茲海默症和動脈硬化。

免疫系統

免疫系統對我們的生存至關緊要，無所不在，從不停歇。

在神經系統中，免疫功能有兩種，一種可以說是直覺本能的，另一種則是較為複雜、後天學習來的。從一出生開始，我們的免疫細胞就已經可以完美辨識外來的威脅，無論數量有多少，隨著成熟度和經驗值的增長，免疫系統也變得更加有能力，辨識力越來越強。隨著每次病毒或細菌的入侵，包括每個黴菌、真菌和可能的癌細胞，身體辨識力變得越來越強大，不怕任何威脅和挑戰。

人類的神經系統雖然也會持續學習，但卻會與循序漸進和不可抗的喪失記憶取得平衡。年輕的免疫系統不成熟卻很有活力，而老的免疫系統富有經驗和知識，但執行速度緩慢而遲鈍。免疫

衰老指的並不是免疫系統*不能辨識*入侵異物的問題，如肺炎鏈球菌，而是管理感染的*反應太慢又不穩定*，造成病菌侵襲整個生物體，就像控制不了的敗血症導致的死亡。老化免疫系統的慘況令人想起一個關於病理醫師的老笑話，病理醫師什麼都懂，什麼都會，但動作太慢，救不了病人。

免疫系統細胞，來自於骨髓幹細胞的分化，骨髓幹細胞也是紅血球細胞的來源。免疫系統細胞主要有兩個分支——淋巴細胞和骨髓細胞。淋巴細胞名字來源是這些細胞會在淋巴系統和血液中循環，包括天然殺手細胞（NKCs）、T細胞、B細胞等，這些淋巴球負責大多數的免疫功能。骨髓細胞包括血小板（凝血作用）、紅血球（運送氧氣）、白血球（嗜鹼性球、中性球、嗜酸性球和巨噬細胞），也屬於免疫系統的一部分。

這些免疫細胞每一種都有自己特殊的功能和行為模式，也進行細胞分裂，意思是說，免疫系統的各個元件，是以些微不同的方式老化。因此，免疫系統不僅會隨著年齡老化，還有各種層面複雜而令人震驚的衰敗，並不是整個系統一起衰退。

免疫系統的老化循序漸進，在體內不斷產生失誤，效率越來越差。

免疫的衰老，雖然經常都是老年人疾病和死亡的推手，但卻很少被診斷或鑑定為死因。在臨床上的表現（我們所見所經歷的治療）有慢性炎症、類風濕骨關節炎、自體免疫疾病，並增加有肺炎、敗血症、蜂窩性組織炎、帶狀皰疹等的風險，還有某些類型的癌症。老化造成周圍白血球細胞的數量減少，但還不至於增加感染的風險。但是相反地，大部分老年病患罹患感染疾病時，都有一種快速反應（白血球數升高）。更甚的是，很多老年病患的周圍白血球數比正常人還要高，這往往與動脈硬化有密切的關係。許多心肌梗塞和中風病患在病發之前，白血球數就已經很高了。簡言之，免疫力老化的問題，並不是血液循環裡白血球數多

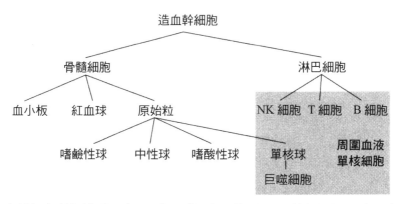

各種免疫系統的細胞，主要分為血液細胞和淋巴細胞，所有免疫細胞都來自骨髓的幹細胞。

少的問題，而是免疫系統整體反應的問題。老年人的免疫系統對感染不再有準確的反應，甚至可能在感染的時候也沒有反應（造成不必要的長期發炎）。免疫系統不是沒有反應能力，只是反應常出錯，不然就是太慢，不然就是對焦失準。

　　免疫細胞就像身體其他不停分裂的細胞一樣，端粒會隨著老化而縮短，不過這種縮短的模式比較複雜。例如 B 淋巴球在還沒有進入血液循環之前，骨髓的分裂很活躍；而 T 淋巴球則是進入血液循環之後會更活躍地分裂。不過實際上，每 30 個免疫細胞只有一個會進入血液循環，其餘都在組織中，特別是淋巴組織，而不同的淋巴球，進入血液循環的模式和時間點也不同。

　　B 淋巴球的細胞老化具有特殊的模式。人體所有的 B 細胞約有 2%會每天更新，更新率基本上會隨年齡下降。人體的淋巴細胞數會保持一個大致的定值，在淋巴結和組織中死亡的淋巴球，淋巴細胞會分裂來補充，達成平衡。在感染的時候，周圍白血球數會升高，這是因為進入血液的白血球增加了，而不是因為細胞分裂產生了更多的淋巴球。B 細胞從骨髓中的幹細胞部位生成，這些 B 細胞一開始並不成熟，需要經過「訓練」，但大部分自我反

應的 B 細胞（可能會導致自體免疫疾病）則會在離開骨髓之前被排除。離開骨髓的淋巴球會在血液中不斷循環，直到遇見某些特定的抗原而活化，或是死亡。淋巴球進入血液循環之後會繼續分裂，尤其是在脾臟裡面。B 細胞離開骨髓*以後*，約有一半的細胞會分裂（另一半細胞則會老化）。在血液循環中的 B 細胞，平均端粒長度取決於年輕細胞與老細胞之間的平衡。年輕細胞來自於較新的幹細胞分裂，具有較短的端粒，而老的「記憶」B 細胞，則具有較長的生命和較長的端粒。

另一方面，T 淋巴球的模式則與 B 細胞完全不同。B 細胞分裂得很早，一旦暴露在抗原下就會停止分裂，變成記憶 B 細胞。實際上，在一開始的時候，T細胞在胸腺裡面不太分裂，要等到活化以後才會經常分裂。整體的 T 細胞庫總是保持穩定的大小，細胞分裂速率在周圍循環比較高，結果導致在血液循環中最久的 T 細胞端粒最短，新來的 T 細胞端粒最長。

另外，測量周圍淋巴球的端粒長度可能有誤導嫌疑。如前所述，這是因為血液循環中僅有人體約 1/30 的淋巴球。再者，重新測量淋巴球的時候，很少會測量到同一細胞。在這種測量當中，我們的確可能會測量到剛剛進入血液循環的細胞，因此測量結果反應了幹細胞端粒的正確長度。但如果測量到的細胞已經在周圍分裂多次，結果就可能被低估。以周圍端粒長度來估算免疫系統的老化狀況或健康狀況，大體上是有用的，但必須謹慎解讀。

除了端粒長度本身，免疫老化的關鍵問題是「細胞實際上如何*運作*？」造成運作功能改變的原因是基因表現圖譜的改變，而基因表現圖譜的改變則是由於端粒縮短的變化，因此關鍵問題在於運作功能的改變。大多數免疫細胞都會產生這樣的變化，但其中 T 細胞族群的變化最明顯。這些免疫細胞變得越來越「拖拉」（例如訊號傳遞變得很混亂），也越來越無法製造細胞的重要生成物（例如淋巴激素）。老化使得新的 T 細胞變得越來越少，面

對感染和抗原，快速分裂的能力也變得越來越差。人體中有很多其他的系統，而老化的免疫系統對某些情況反應太過激烈造成自體免疫疾病，但對其他情況反應又太差，無法處理癌細胞和一些病毒等。很多免疫細胞持續被活化，引起了慢性炎症，另外還有自然殺手細胞和其他細胞毒性細胞則剛好相反，變得很沒效率。

此外，幹細胞部位的端粒長度漸漸縮短會導致人體更新造血細胞的能力越來越差，所以紅血球、淋巴球等其他類型的細胞會跟著減少。在淋巴球族群中，這些細胞的更新率會逐漸衰減，使得功能不良的比例也越來越高。在紅血球族群中，最後可能會造成貧血，例如少見的慢性病貧血、高齡貧血，但這並不代表幹細胞耗盡，而是由於這些細胞並沒有分裂足夠的次數。簡言之，老化會造成骨髓幹細胞部位的功能衰退，導致形成老化相關的再生不良性貧血。

老化的免疫系統：重點速覽

年齡：一般而言，越老的成年患者，免疫系統受損情形越嚴重。

統計資料：資料難以取得，因為很難區隔出免疫老化與其他老化相關疾病。舉例來說，如果一名老年婦女因視力不良而絆倒，又因肌力變差而沒辦法拯救自己，導致臀部因骨質疏鬆而骨折，再加上周圍血液循環不良而導致併發症，最後因感染死亡，此時，死因應該要歸咎於哪一點？出於同樣的原因，免疫衰老的成本也難以獨立計算，不過成本的確很高，這一點則沒有爭議。

診斷：免疫老化很少有明確的診斷。醫師通常會假設老年患者的免疫反應已經降低以代替不必要的醫學檢驗。

治療：免疫衰老並沒有治療法。醫師建議要有適當飲食並進行常規免疫接種（但老年人接受免疫接種所產生的免疫效果，並沒有像年輕人那麼好）。

臨床結果證實了這些變化。隨著老化，我們更容易感染、罹患癌症、慢性炎症和自體免疫疾病。

骨關節炎

骨關節炎又稱退化性關節炎，是軟骨細胞退化的一種疾病。軟骨細胞是位於關節軟骨位置的一種獨特細胞，長得像小種子，功能是產生並維持軟骨。軟骨是一種有韌性的膠狀結締組織，主要由蛋白質組成，在關節兩端各形成潤滑的接面，在關節運動的時候會互相接觸摩擦。軟骨使關節運動平穩，潤滑可以使磨損降到最低，使我們能夠進行快速、有效的運動。

說到老化細胞製造關鍵蛋白質的例子，像是軟骨細胞的蛋白質，主要成分是膠原蛋白和蛋白多醣，這些都是軟骨細胞的關鍵生成物。這些蛋白質相對穩定，不過軟骨細胞仍需要回收更新這些蛋白質，也就是分解現有的軟骨基質，並分泌新的基質來取代。簡言之，關節的接合面有一種很重要的更新作用，但這種更新作用會因為老化而減緩。

從中年初期階段開始，這種減緩的結果造成軟骨基質漸漸累積損傷。軟骨損傷的速率是固定的，是關節受到運動正常的壓力和應力所導致，特別是在負重關節的膝和臀部，但軟骨細胞逐漸失去恢復損傷的能力。隨著軟骨細胞老化，端粒縮短，關鍵蛋白質的基因表現趨緩，使得軟骨的蛋白更新也變慢，所以軟骨功能開始減退，變得越來越薄，造成軟骨細胞失去擠壓和剪力的物理

保護，因而快速流失。不幸的是，端粒縮短又造成軟骨細胞對於替換更新較不反應，分裂能力也降低。結果導致軟骨細胞更新軟骨基質的速率不僅變緩，軟骨細胞數量也變得越來越少。

奇怪的是，關節軟骨以及下方的軟骨細胞並沒有血液供應，僅通過滑液補充養分。氧氣和養分從滑液透過軟骨漸漸擴散到下方的軟骨細胞中，而軟骨細胞廢物排放則透過相反路徑，從軟骨進入滑液中。由於我們在日常生活中活躍地運用關節，助長了這種擴散發生，因此運動對於軟骨細胞存活和軟骨的存在可說是至關重要的。然而，即使運動再完美，端粒也會逐漸縮短，使軟骨細胞功能失常。軟骨細胞無法由血管運輸新細胞來補充，只能由關節處的軟骨細胞來補充，這樣一來，又會繼續加速端粒的縮短。

過度衝擊、創傷、體重過重，這些都會傷害我們的軟骨細胞，加速細胞老化，使骨關節炎提早發生，或是已有的骨關節炎變得更嚴重。我們的手關節承重不如膝關節，但因為使用頻繁，反而更容易受傷，特別是進行拳擊等活動時，衝擊和傷害程度更甚。脊椎、臀部、膝蓋和腳踝的關節表面每天都會受到壓迫，跑步、籃球、足球等關節會受到反覆衝擊的運動員，或是工作上必需進行重複性或傷害性動作的人，都容易產生關節傷害。

總之，骨關節炎並不是因為「老化」而變老的，狀況很多，也不是可以預測的，與其他老化相關疾病也沒有密切的相關性。端粒縮短會直接導致和引發骨關節炎，但也可能因遺傳傾向、個人行為、飲食質量、創傷性損傷、感染及其他環境因素等，先引發端粒縮短而間接導致。就和其他例子一樣，端粒並不是引發骨關節炎的主要因素，而是導致骨關節炎龐大而複雜的病理機轉中一個常見的因素。基於這個理由，在臨床介入性治療上，端粒比其他相關因素是一個更有效的切入點。

骨關節炎：重點速覽

年齡：一般在 40 至 80 歲之間發病。

統計資料：骨關節炎（osteoarthritis, OA）最為常見，遠高於類風濕性關節炎。成人約 14% 有 OA，年齡 65 歲的人則有 1/3 罹患 OA。美國疾病控制中心估計美國有 2700 萬 OA 患者。風險因素包括體重過重、關節傷害，以及進行導致關節重複衝擊的活動（運動與職業）。女性比男性罹患 OA 風險較高，尤其是停經後。常見部位為膝蓋、臀部、手、腳和脊椎關節。

費用：美國年度花費超過 1850 億美金，其中 290 億花在膝關節置換手術，140 億是髖關節置換手術，相關花費介於 40 到 140 億之間。OA 常是造成行動不便的原因。隨著人類壽命的延長與肥胖的增加，花費持續上漲，也導致更容易發生骨關節炎，並提升嚴重程度。

診斷：症狀單純，只有關節疼痛，常伴隨腫脹，相當明確。可用實驗室和放射線調查排除 OA，但通常是用放射影像（或少用的 CT、MRI 或關節鏡）來確診。

治療：治療 OA 時通常會給予止痛藥，關節可動域的運動可避免進一步讓關節受到衝擊。然而，這些方法其實都沒有辦法減緩 OA 惡化，硫酸鹽葡糖胺等營養補充品也無效。目前確實有效的治療是採用人工關節置換手術，約有 5% 的患者選擇進行手術。然而，雖可以置換大關節（膝和臀部）卻無法阻止疾病惡化。

骨質疏鬆症

　　骨質疏鬆症是骨骼隨著年齡逐漸衰弱，英文 osteoporosis 的意思是「多孔的骨頭」，這個意義大多數人都能領會，骨質疏鬆症的確是骨頭的孔洞變多，只是英文名稱並沒有充分傳達出在臨床上嚴重衰弱的問題。骨質疏鬆的骨骼很容易破裂。我可以講出很多老人骨頭斷掉的真實故事，像是因為坐下來或咳嗽的時候太用力，腰椎或肋骨就骨折了。健康的青壯年在車禍等嚴重創傷情況下才會出現大腿股骨骨折，但骨質疏鬆症老年患者只是摔倒在地毯上，就可能會導致股骨骨折。雖然骨質疏鬆症患者很少會死亡，但由於許多意想不到的骨折而產生的痛苦折磨，造成許多老年患者死於併發症，如肺炎、血栓、敗血症等。

　　骨質疏鬆症是一種最常見的單一骨骼疾病，和許多其他老化相關疾病一樣，如果老年患者沒有因其他老化疾病而死亡，很可能普遍都會罹患骨質疏鬆症。大多數人誤以為骨質疏鬆症是由於鈣的攝取太少，事實上，我們可以說，身體的鈣相當足夠，只是跑到錯誤的地方。例如老年人身體的骨骼雖然含鈣量很少，但冠狀動脈沉積物中卻含有太多鈣。更精確地說，骨質疏鬆症是由於缺乏支架蛋白所引起的，健康的骨骼需要支架蛋白以結合鈣和磷等礦物成分。此觀察受到許多臨床研究證實，飲食中增加鈣等一些單純的飲食改善方法，對骨質疏鬆症的發展其實影響不大。

　　問題不在於身體裡面有多少鈣，而是身體將鈣放在哪裡。

　　如果過去飲食中的鈣含量過少，在骨質疏鬆症發病之前增加攝取鈣，的確可受益。但患者若在臨床上已確診為骨質疏鬆症，飲食中增加攝取鈣幾乎沒有臨床益處。

　　當然，問題並不在於單一的鈣攝取量，而是鈣、維生素和荷爾蒙之間複雜的交互作用。例如先天就有維生素 D 缺乏症的人，

會有骨骼生長缺陷和骨骼維持不良的情形，但這並不是骨質疏鬆症，也不是骨質疏鬆症的原因。骨質疏鬆症並不是缺鈣，也無法透過單一補充來治療。另一方面，曾多次懷孕的婦女，由於在懷孕過程中胎兒骨骼的生長，母體自身的鈣供應有反覆增減的情形，以及一般停經後的婦女，由於雌激素下降，都會成為罹患骨質疏鬆症的高風險族群。然而，這些問題都不是造成骨質疏鬆症的原因，也沒有相關簡單的飲食療法或補充雌激素、維生素等曾獲證實可以停止或扭轉此疾病的進展。

維護骨質和發生骨質疏鬆症至少與兩種類型的骨細胞有關：建造骨骼的造骨細胞，以及分解骨骼的蝕骨細胞。可能有人會問，為什麼人體不一次打造出良好的骨骼？答案有兩種。第一種答案與我們用來解釋細胞內分子更新的情形一樣，人體會不斷循環更新以確保分子與骨骼不會隨著時間的進展而累積損傷。這就好比一間不斷維修的房子，零件經常更換、調整、油漆和修理，所以就算是老房子，也可以一直保持穩固良好的狀態。至於什麼是第二種答案？只要問一個簡單的問題即可。如果骨折了，身體會發生什麼變化？答案是，身體會重新組合，使骨折癒合。骨折的癒合必須除去受損的部分，以正常骨骼取代。其實，我們每天即使是進行日常生活中最平凡的活動，都可能時時刻刻會發生微骨折，所以骨基質必須持續維修更新，就像發生骨折等其他損傷的時候一樣。

骨基質更新會隨著年齡增長而減緩，就像前面提過的細胞分子回收模型一樣。回收過程越慢，累積損害的比率就越大，我們就越有可能發生災難性的敗壞。發生骨質疏鬆症時，回收速率減緩，損壞骨骼的比率變大，我們越可能骨折。此外，與骨質疏鬆症無關，老化骨骼還有另一個問題：骨破壞（蝕骨細胞）和骨生長（造骨細胞）之間會失去平衡。

人體的骨骼就好像是一組可活動而複雜的網路，外面套著一

層堅固而不可活動的水泥，裡面是蛋白質基質，使骨骼強壯，外面的水泥則由鈣和磷組成，使骨骼堅硬，能承受力量。在骨折癒合的修補初期（成長中的胎兒也是相同的情況），骨骼是「編織」成形的，脆弱而柔軟，但形成速度很快。等到癒合位置長全（「骨質替代」bony substitution），骨質會改變為「板狀」，具有較大的機械強度，也更具有彈性、更耐久。骨骼最初的「編織」形式，有一些少量的膠原纖維似乎是偶然和隨機的出現。在板狀骨骼中，則有大量的膠原纖維平行排列，形成層層相疊的骨板，結構和優點都類似木合板，具有巨大的強度和抗損力量。

同樣的情形也發生在骨質重塑（remodeling）過程，這是人體成長期間會發生的反應，是因為運動和骨骼受壓模式變化所致。運動員開始進行新的運動或活動，骨骼會適切地做出反應，也就是骨質重塑。然而，即使人體已經完成成長，身體的活動也不再有變化，骨質重塑依然持續在進行。當然，部分是反應了日常生活中各種活動所發生的微骨折，但即使沒有出現任何損傷，人體還是會不斷骨質重塑。因此，就算骨骼保持相同形狀和功能，還是會不斷發生重塑的動態過程，吸收又再生。

青壯年的骨骼不斷回收再生，分解又重建，保持近乎完美的平衡。此過程可將骨骼維持在最佳強度和尺寸，同時又能為身體其他部分提供現成的鈣磷儲藏庫。一般成人平均約有 10% 的骨骼會重塑，分解又再生。但隨著年齡的增長，重塑率、更新替代的速率下降，變得比分解的速度還要快，造成骨質漸漸流失，中老年人骨折的癒合也更慢。

骨質更新是由甲狀腺激素、雌激素和雄激素等內分泌激素所促進，但沒有證據顯示骨質疏鬆是由於老化使激素減少所導致。激素促進造骨細胞分泌細胞激素，細胞激素刺激蝕骨細胞，促進骨質再吸收，並促使幹細胞生成新的骨細胞。當蝕骨細胞受到副甲狀腺激素和維生素 D 的直接刺激，以及幾個細胞激素（RANK

配體、介白質6）增加的間接刺激，會促進再吸收作用。蝕骨細胞的骨質再吸收，會受到蝕骨細胞抑制因子（osteoprotegerin）和降鈣素（calcitonin）的抑制。要注意的是，有些內分泌激素影響骨質再回收速率的增加或減少，是對蝕骨和造骨細胞兩者都有作用，而有些影響則只會作用在蝕骨或造骨細胞單邊。

骨骼的臨床變化

　　骨質疏鬆的骨骼可以看見三種變化，三種變化都會導致骨質變差，強度降低：
1. 骨皮質（外層厚皮狀）變薄。
2. 骨皮質孔洞變多。
3. 骨髓質（內部）孔洞變多，連接變差，骨小樑越來越少。

　　骨骼生長和退化的生命週期會根據性別、種族、飲食、運動、疾病、吸菸、使用類固醇和遺傳傾向而有不同，但大致上有一定的模式：年輕人的骨骼質量會逐漸增加，成年人的質量保持一定，然後漸漸減少，直到中老年人被確診為骨質疏鬆症。然而大致來

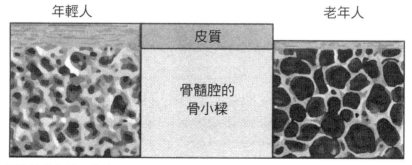

骨骼隨著年齡發生變化：骨質疏鬆症。

說，骨質流失不是內分泌變化所導致，而是與細胞層級的老化過程有關。開啟骨質流失的原因是蝕骨細胞的作用凌駕於造骨細胞之上，造成了不平衡，這在性類固醇（雌激素和睪固酮等）減少之前就發生了，同時整體會伴隨著骨更新的減緩。女性一旦開始更年期，骨質流失和更新減緩的變化更加顯著；男性的骨質流失和更新的變化較緩和，可說是「男性更年期」線性現象。

骨質疏鬆症：重點速覽

年齡：一般多出現於 40 歲後或更年期婦女。年齡超過 50 歲者約有 50%的罹患率，75 歲的老年人絕大多數都會罹患（以女性居多）。隨著年齡增長，自發性和創傷性骨折變得普遍，許多老年人由於上半身脊椎弱化，表現出「福態背」（dowager's hump）的駝背現象。

費用：美國年度花費估計超過 220 億美金，其中包括關節置換手術，但有部分是因為關節炎而非骨質疏鬆症，不過兩者難以切割。由於人類壽命延長，美國和全球耗費的成本也穩步上升。

診斷：大多數患者通常由於脊椎、手腕、臀部等意外骨折而確診。通常可以利用臨床疾病史和已知的危險因素來評估罹患的風險。診斷確診可以使用標準 X 光或骨掃描測量骨骼礦物質密度（BMD）是否低於正常標準值 2.5。

治療：雖然可以透過改變生活習慣、多活動、調整飲食、避免類固醇和抽菸，以及服用雙磷酸鹽藥物來降低骨質疏鬆症以及導致骨折的風險，不過最多也只能減緩病程的進展。目前並沒有任何介入性治療可扭轉或停止骨質疏鬆進行，然而在基因層級治療細胞老化卻可帶來希望。

骨質流失的骨質疏鬆症，並非是隨著老化所發生的被動事件，而是一種疾病。因此，隨著年齡的增長，骨折風險也會跟著增長。如果我們活得太久，風險會到達百分之百，最後骨質會完全流失。

肌肉老化

肌肉會隨著年齡的增長而失去質量和強度，這種說法雖然不假，但卻過於簡化。肌肉老化過程非常複雜，其中涉及了肌肉組織等系統。

例如，血液循環系統的老化（最後導致肌肉老化），可能會使身體其他系統出現預期外的病態。肌肉也會老化，不過即使肌肉沒有出現老化，因為血液循環、內分泌系統、神經系統、關節和骨骼等的衰弱，也會使肌肉逐漸衰弱。我們討論過的骨關節炎和骨質疏鬆症，都會對肌肉組織的機制產生影響，不過還是以血管系統老化對於肌肉老化的影響最為顯著，會造成氧氣、血糖和其他肌肉活動所需要的養分供應變得不穩定，並且會降低排除二氧化碳和其他廢棄物的效率。肌肉去神經支配（denervation）也有關，由於周圍神經系統會「修剪」一些傳導連結（傳導神經傳遞來自大腦的衝動），造成我們動作變得不精確、不協調。

肌肉老化會降低其他系統的功能。隨著肌肉老化，能量的利用會降低。由於身體總能量消耗降低，肥胖症會增加（尤其是腹部脂肪），造成胰島素拮抗和第 2 型糖尿病，以及罹患高血壓和心血管疾病的風險都跟著升高。此外，由於肌肉是身體蛋白質的儲存庫，若肌肉質量隨年齡下降，人體的蛋白質會無法滿足免疫系統（製造酶和抗體）、肝臟和其他器官系統等的緊急需求。因此若有大規模流失肌肉的現象，可作為中老年人死亡率的預測因子。

此外，肌肉本身的老化過程很複雜。最明顯的影響就是肌肉

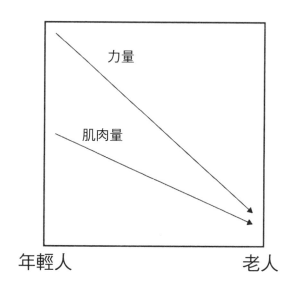

隨著我們老化，肌肉量和力量都會跟著下降，由圖可見力量下降的情形比肌肉量更顯著。

流失，這是由於受損肌纖維更新不良，導致剩餘肌纖維縮減。類似於我們在其他系統中所見的，青壯年的肌纖維更新與流失率一樣快，但隨著年齡增長，更新的速度卻沒有跟上。此外，更新後的組織往往是脂肪或堅硬的纖維狀組織，而不是真正的肌肉。雖然肌肉量*仍保持不變*，但肌肉變小，肌肉強度也會降低。

我們可經由檢查或物理測試來發現這些變化，但另有許多發生在老化肌肉中的問題都不易察覺，背後卻有更嚴重的問題。除了肌肉量減少，肌肉品質也一定會跟著降低。最明顯就是蛋白質的合成和氧化能力降低。

幾乎所有細胞的蛋白質合成，都會隨年齡老化而降低，蛋白質的合成速率變化則依照蛋白質種類而異。我們在前面章節中已經談過，影響不但複雜，也往往出人意料。最明顯的影響就是維修速率變慢，其次是有用的蛋白質變少，造成細胞功能不正常，

導致肌肉力量減低，氧化能力跟著下降。

　　整體來說，我們可以測量出老化肌肉的代謝衰退，其中以粒線體功能的變化特別明顯。粒線體是細胞能量的關鍵，但粒線體會隨老化變少，功能不彰。由於粒線體內的蛋白質更新速率減緩，身體可取得的能量，特別是三磷酸腺苷 ATP 也跟著減少。因為大部分粒線體蛋白質必須依賴細胞核內的基因表現，但基因表現卻隨年齡增長而變得緩慢。粒線體變得越來越不能產生肌肉所需的能量。伴隨這些變化，粒線體的氧氣吸收量降低，氧化作用所需的酶，活性也降低，這些都是可以預見的。由於蛋白質更新減緩，粒線體可用的蛋白質較有可能是損壞的蛋白質。而且，由於所獲得的 ATP 較少，老化的肌肉耐力和強度也都降低。最後，由於肌肉所獲得的能量有限，無法生產足夠的蛋白質供應肌肉，更導致蛋白質更新與細胞修復都受到限制。

　　蛋白質更新最顯著的變化，在於能量代謝關鍵作用中相對稀少的蛋白質。但即使是較穩定的蛋白質也有更新略為減緩的問題，那同樣會導致肌肉力量減低。肌凝蛋白重鏈（myosin heavy chain, MHC）是肌肉運動的關鍵蛋白質，更新率一向較低，但在老化肌肉中，它的更新率又更降低。由於肌肉品質下降，造成無功能的蛋白質比例升高。不論是年輕人還是老年人，肌肉的更新率都是受到運動的影響，尤其是有氧運動。阻力訓練可以增加肌肉量，有氧運動可提高蛋白質更新率，因此有氧運動增加的是肌肉品質而非肌肉量。不過運動的益處會隨年齡增長而減少：以同樣的運動量來說（有氧或其他），一般年輕肌肉所顯現的效益，會比老肌肉要大。而以穩定、持續同樣的運動來說，肌肉量和力量也會隨年齡而降低。

　　長久以來人們都相信，運動可以有效預防或扭轉肌肉老化，的確如此，不過程度有限。不喜歡動的中老年人可藉由運動來增加肌肉量和力量，但難度會隨年齡增長而越來越高，益處也越來

越有限。簡言之，運動總是有益的。如果不運動，老化相關的肌肉量和力量損失會更大，*但運動並不能阻止或扭轉肌肉的老化*。換句話說，即使運動對肌肉老化沒有實質影響，仍有助於老年患者維持機能。

不過並不是所有人都適用。很多老人無論怎樣運動，肌肉都長不出來，這些案例明顯與老化的變化有關，而且年齡越大越嚴重。奇怪的是，這可能是因為肌肉的一個有趣特點：肌肉是來自肌肉幹細胞（肌細胞）。以前人們普遍認為，嬰兒出生以後，肌肉細胞便不再分裂，就像神經細胞一樣。後來我們發現有特例，即使已經長大成人，在某些情況下肌肉和神經細胞仍會分裂。但問題還是沒解決，這樣的細胞分裂實際上有何重要性呢？各位很可能會認為這只是單純的學術問題，但實際上它卻具有重要的臨床意義。端粒縮短，因此細胞老化，這樣的情況幾乎只發生在會分裂的細胞中，因此問題明顯應該是——肌肉是否會「真正老化」。也就是說，肌肉的端粒會隨著年齡增長而縮短嗎？

人體的肌細胞（myocytes）源自肌母細胞（myoblasts 一種肌肉幹細胞）或衛星細胞（成人肌肉組織中發現的一種肌肉幹細胞）。老人的肌細胞必定有過細胞分裂，因此端粒縮短。事實上，經證實有一種廣義的多能型幹細胞會在體內循環，其中有些不僅可以分化成肌肉幹細胞，形成的心肌細胞等功能也完全正常。

肌肉老化：重點速覽

年齡：肌肉流失往往開始於成年期早期，可能是由於身體減少活動，停經後的婦女尤其明顯。即使其他健康的人，到了40歲，肌肉量或肌纖維數也可能減少、下降。這個過程是漸進的，與骨折、心肌梗塞等其他老化相關疾病有明顯不同的轉折點。

　　統計資料：花費和其他資料很難取得，由於人們身體隨年齡增長而衰弱，統計資料上便會歸因於其他健康問題，如：跌倒、骨折、關節置換、二度感染等。此外，肌肉流失也可能導致糖尿病等其他疾病。

　　診斷：手部是最容易觀察到肌肉老化的部分，手部會明顯變得沒有肉、顯得很單薄。

　　治療：建議的治療方式是「用進廢退」，然而運動的潛在利益於個體上差異很大，而且隨著年齡的增長，會更容易因為不活動而流失肌肉，也更難透過活動來增加肌肉。沒有其他有效療法。

　　無論是骨骼肌還是心肌，中老年人肌肉的質和量都會逐漸流失，這反映了我們利用不同來源的幾種幹細胞更新肌肉的能力逐漸衰退。肌肉老化的過程大致與其他系統相同，如：骨骼、關節、皮膚等，端粒都會縮短，因而逐漸產生不可彌補的功能喪失。

皮膚老化

　　人們有一種常見但不正確的想法，認為皮膚老化只是一種表象。這種看法有兩種來源。第一種是，我們都知道有人死於心臟病發作、中風、癌症和阿茲海默症等，卻沒聽過有人死於「老皮膚」。二是我們每天都被廣告疲勞轟炸，各式各樣乳霜、乳液、藥物和療程都宣稱能夠「抹去皺紋」、「讓肌膚重現年輕」、「抵抗存在的老化現象，並預防未然」等，人們花費數十億美元購買這些產品。例如其中的肉毒桿菌，的確具有可見的美容效果，但其他許多被廣泛使用的產品所宣稱的效用卻沒有任何依據，然而即使價格昂貴依然銷售熱烈。即使是標榜「抗衰老」的護膚產品

如Botox，效果也僅是表面，我們更關心的其實是皮膚的老化醫療層面。

首先，各位可能會很驚訝，的確有少數人會因角質老化而死亡。極端的皮膚老化可導致皮膚失去抵抗感染的能力，導致患者死於皮膚感染病變。皮膚屏障受破壞，即使是年輕人也會死亡，而且隨著年齡的增長，造成的死亡人數也會增加。皮膚不僅不是安全的身體屏障，也不再擁有充足的血液供應與有效的免疫反應。

然而皮膚老化並不是典型的死亡主因，而是重要的助因，我們可從幾個方面來說。老化的皮膚不再是身體有效的屏障，熱絕緣體功能也降低，所以身體需要耗費更多能量來維持正常的溫度。皮膚自癒力、受傷感知力、免疫防禦反應力等都降低了，加上其他皮膚老化的變化，結果迅速增加了身體其餘部分的負擔，進而對其他因老化而失去功能的系統也造成壓力。

皮膚基本上是由兩種類型的細胞所組成：纖維細胞（fibro-cytes）和角質細胞（keratinocytes）。事實上正常皮膚中還有許多類型的細胞，包括毛囊和皮脂腺等形成特有結構的細胞。還有一些細胞會從血管和神經等其他部位進入皮膚，例如有一種過渡細胞（又稱為「遊走」細胞）是透過血液進去。在我們日常生活中，角質細胞會形成皮膚外層（表皮）並且不斷分裂，取代失去的細胞，老細胞則會從身體脫落。因此，在我們的生命週期中，這些細胞的端粒都不斷縮短，使表皮發生老化的相關變化。

皮膚內部的真皮層較為複雜，包括纖維母細胞（fibroblast）的固定細胞，以及遊走細胞如：巨噬細胞、單核球、淋巴球、漿細胞、嗜酸性球和肥大細胞等，通常屬於免疫功能細胞。纖維細胞是真皮固定細胞中的主要部分，可以分裂並形成纖維母細胞和脂肪細胞。纖維母細胞建造並維護膠原蛋白和彈性纖維，形成細胞外基質，建構組織。脂肪細胞在年輕皮膚較常見，可保護身體，作為緩衝墊和熱絕緣體。纖維母細胞和脂肪細胞是由纖維母細胞

的細胞分裂而來。如果失去這些細胞，纖維母細胞就會進行分裂，產生新的纖維母細胞和脂肪細胞取而代之，過程中，端粒長度會逐漸減少，再度使得皮膚組織發生老化相關變化。

我們的皮膚細胞，無論是真皮或表皮，都會隨著老化而使基因表現圖譜產生變化，細胞分裂變慢，能力也變弱，最後無法勝任自己的角色。例如隨著年齡增長，纖維母細胞更新細胞外基質膠原蛋白和彈性纖維的速度會變慢，纖維也會長得不一樣，導致皮膚強度（膠原）降低，彈性（彈性蛋白）也減少。同時脂肪細胞也減少，造成皮膚脂肪整體下降，角質細胞分裂變慢，更新速度無法補充失去的細胞，最後就會導致表皮細胞減少。

隨著我們老化，皮膚的變化是顯而易見的。我們發現，老年人的皮膚因為細胞分裂速度變慢，比較不容易復原，同時因為膠原纖維的強度已不如年輕時期而容易受傷。我們拉扯皮膚的時候，膠原蛋白纖維不再能夠快速恢復原位，甚至有些部分也無法復原而出現眼袋等。皮膚若失去脂肪細胞，就會缺乏足夠的緩衝，變得較容易受傷，甚至稍有輕微碰撞就會造成擦傷、瘀傷等。失去脂肪會讓身體容易快速失去熱量、容易變冷，因此身體必須加速代謝作用產生更多的熱量，才能保持正常的體溫。

然而其中最容易看見的變化，不是在表皮也不是在真皮，而是在兩者之間的交界處。年輕皮膚的真皮與表皮交界處呈互相交叉的狀態，就好像一雙手的手指互相交疊一樣，可產生強力的機械性連接，於是真皮與表皮兩者緊密結合，不容易分離，因此年輕的皮膚很強健。然而老皮膚逐漸失去了交錯連結，交界處變得平坦化，裡面塞著稱作微粒水泡（microbullae）的液體，不再緊密結合在一起，導致老年人的皮膚很容易因為輕微碰撞而破皮。例如老人在跌倒的時候，如果上臂碰觸到椅背，皮膚很可能會被扯下來一大片。老皮膚尤其經不起傷害，容易撕裂，一旦破裂就很難恢復原狀。

　　在一些日光充足的地區，老化的皮膚會隨時間進程變薄、變脆弱、出現損傷，產生皺紋、老人斑或肝斑，這樣的情況表示這些部分的皮膚無法有效控制色素細胞，造成皮膚產生不規則的深色黯淡區塊。出現皺紋的原因和「皮膚乾燥」並不是失去水分，而是失去皮膚細胞，加上流失細胞外基質。由於皮膚細胞不再維修，也不再更新受損處。在臉上的表情區會因肌肉拉扯皮膚而出現頻繁的微創傷，導致出現一些顯著而持久的變化，也就是我們所謂的皺紋。同樣的效應若發生在皮膚所有部位，會更加分散細微，如果手部和上臂的皮膚失去彈性和細胞量，就會出現數千個微小、平行的皺紋。

皮膚老化：重點速覽

年齡：皮膚老化是隨壽命累積的終身過程，沒有特定發病年齡。老化速率依個體而異，但除了年齡，還有暴露在日光下——特別是紫外線輻射中——會加速端粒縮短和皮膚老化。

費用：主要的醫療費用在於皮膚損傷、感染和代謝壓力增加，以及臥病者的褥瘡潰瘍，但難以將皮膚老化的費用與這些病狀做徹底區隔。另一方面，美國人每年花費超過 200 億購買化妝品、醫美藥物（如肉毒桿菌）和進行整形手術，希望使皮膚看上去更年輕。

診斷：我們不太需要醫師告訴我們皮膚是否已經老化。我們在評估自己和別人是否呈現老態的時候首先就是看皮膚。皮膚老化的醫學評估一般是測量皮膚彈性，這是一般老化的良好指標，但也可進行切片檢查。另外，皮膚老化會導致潰瘍，尤其是臥床病患，一般以深度、大小和組織穿透性來評估，這也是感染症的評估方式。

　　治療：抵抗皮膚老化的所有方式和產品充其量都只是美容效果，僅有一些可能的例外。例如含有 A 酸的產品可增加細胞更新速率（不過卻可能促進端粒縮短）。另一種是在第四章討論過的 TA-65。在這些聲稱可減緩皮膚細胞端粒縮短，甚至重新延伸端粒的產品中，唯有 TA-65 證實具有效果。紫外線防護（防曬）可減少紫外線對皮膚的傷害，因此也確實可以延緩皮膚老化。

內分泌老化

> 洛威斯坦！這個名字讓我回想起報紙上面一個小段落，有位沒沒無聞的科學家為了長生不老的秘密，一直努力不懈地在研發所謂的青春之泉……當時只要我寫信給這名男子，告訴他，我認為他所發售的毒藥負有刑事責任，事情將歸於平靜，但卻有可能再度發生。
> ——柯南・道爾《爬行人》（Conan Doyle, *The Adventure of the Creeping Man*）

　　各式各樣的荷爾蒙會扭轉老化，歷史中會一再重演這樣的宣稱。這些宣稱——尤其早期都是以性荷爾蒙為主——通常是來自男性生殖腺的荷爾蒙。在柯南・道爾爵士的《爬行人》探案中，一位教授利用葉猴提取物質，重獲青春和性能力。道爾爵士的虛構故事背景來自一位惡名昭彰的法國外科醫師塞爾・沃羅諾夫。他在一個世紀前提取荷爾蒙物質的實驗失敗，便進一步將猴子睪丸移植到病人身上。沃羅諾夫甚至將他的研究集結出版成《移植回春術》（*Rejuvenation by Grafting*），這本書如今絕版已久，只

剩下道爾爵士膾炙人口的故事永遠流傳。

沃羅諾夫並非最後一位幹這種蠢事的人，如今人們已不在乎猴子性腺，而是轉而相信生長激素、褪黑激素、雄激素等所可能帶來的好處。

多年來，人們宣稱內分泌系統是老化病因，大肆宣傳荷爾蒙替代治療法。但是，並無證據顯示荷爾蒙會引起老化，更不可能有什麼治療效果或甚至有任何影響。當然，荷爾蒙可以在正確的狀況和劑量下發揮效果，但如果狀況和劑量錯誤，荷爾蒙也可能是導致疾病或死亡的原因。內分泌療法仍然具有爭議和風險，最常見的就是荷爾蒙替代療法（HRT）。HRT 通常是指停經後婦女使用單一的雌激素或黃體素。二十世紀中期之前這種治療方式首度被提出，隨著醫藥資源的開發，在二十世紀末的美國已相當普遍被應用。許多患者覺得 HRT 可延緩老化和老化相關疾病，然而資料卻強烈顯示病患的感覺是虛假的。更糟的是，一些人體試驗顯示，使用 HRT 的婦女會提高罹患阿茲海默症、乳癌[1]、中風[2]、心臟病等的風險，風險可能取決於開始進行 HRT[3] 的時機。

二十世紀中期之後，人們開始使用其他的荷爾蒙來延緩老化，其中以生長激素為最。到了 1980 和 1990 年代，由於商業化生產進而加速推廣。褪黑激素在商業上素有「青春之泉」的名號，然而我們卻完全沒有資料可以支持褪黑激素的好處，更遑論有證據顯示，人體的褪黑激素濃度並不會隨著老化而改變。現在，人們心中已經認定荷爾蒙替代「療法」是當今的青春之泉，與一世紀以前的猴子腺體沒什麼兩樣。儘管大眾輕信「抗衰老荷爾蒙」，商業市場也非常有利可圖，但卻無證據顯示任何激素或荷爾蒙對

---

1 http://www.breastcancer.org/risk/factors/hrt

2 http://onlinelibrary.wiley.com/enhanced/doi/10.1002/14651858.CD002229.pub4

3 http://link.springer.com/chapter/10.1007/978-3-319-09662-9_18

老化本身具有任何影響。再者，亦沒有任何邏輯論證顯示激素應該會影響老化。正如第三章所討論的，如果有一種內分泌腺掌管老化過程，我們只需要探討一個最重要的問題，就是內分泌腺內部啟動老化的關鍵是什麼？這些奇怪的大眾流行，完全可說是基於一廂情願的想法，儘管缺乏任何證據甚至理性推測，但過去總是與我們如影隨形，現在和未來也與我們同在，不離不棄。

另一方面，雖然內分泌系統沒有老化時刻表，人體許多荷爾蒙卻會隨著我們變老而產生變化。有些荷爾蒙會呈現緩慢下降趨勢（如睪固酮濃度），有些則呈現突然下降趨勢（如更年期的雌激素濃度），以及許多荷爾蒙對於生理刺激會呈現異常增加模式（如腎上腺素、甲狀腺等其他激素）。雖然荷爾蒙替代的崇尚者知道，有很多荷爾蒙都會隨年齡而減少，卻很少有人意識到，隨我們老化而發生的荷爾蒙反應，會明顯使生理控制變得越來越差。功能障礙的關鍵並不在於人體血液循環中荷爾蒙濃度的降低，而在於荷爾蒙的反應已經不再像以前那樣適切、迅速。

此外，大量 HRT 的提倡者往往沒注意到，隨著年齡增長，會出現許多重要的內分泌問題。例如，胰島素拮抗的問題越來越多，但會發生在細胞而非血流。第 2 型糖尿病（許多患者的老化標誌）常見的問題是胰島素濃度變化（人體無法快速準確地調整胰島素濃度以因應血糖的變化），主要是在於老化細胞對胰島素濃度的反應能力。類似問題也出現在其他內分泌系統，其中最顯著的並非是血液中荷爾蒙濃度的改變，而是細胞對這些濃度的反應已經出現變化（缺乏反應）。隨著我們老化，這些複雜變化可能會在許多其他代謝功能障礙上產生重要的作用，例如「代謝症候群」、高膽固醇血症、LDL 升高、抑鈣素[4] 反應，以及許多肥胖病例背後的身體變化。

---

4 抑鈣素是一種荷爾蒙，主要作用於骨骼維護與骨質疏鬆症。

　　最後，有一種公認的假設認為，當荷爾蒙濃度隨年齡增長而下降，若可將荷爾蒙濃度提高至年輕人水平，我們就會更健康。這種假設極為普遍，HRT 提倡者幾乎從來不對此有所質疑。他們唯一的問題是要使用多少荷爾蒙才能「讓人恢復正常」。雖然有些荷爾蒙變化的確是造成疾病的*原因*，如原發性生長激素缺乏症是由於兒童無法製造足夠的生長激素而造成發育失常，所以我們也沒有必要因此相信荷爾蒙變化是次要而非主要原因。舉一個簡單的例子，在第 1 型糖尿病的情況下，缺乏製造胰島素的能力是造成疾病的原因，*適當地*提高血液中胰島素濃度可防止高血糖症死亡（卻不一定能防止長期的健康問題）。急性糖尿病人的胰島素濃度長期低迷，需要補充。另一方面，空腹會降低胰島素，但將胰島素給予正在節食的人可能會致命，在這種情況下，胰島素濃度低不是初級問題，而是因為節食造成低血糖的次級結果。

　　這種一般的爭論可以遍及因老化所發生的各種變化上。提倡HRT者的爭論是，如果我們的睪固酮或雌激素濃度隨著年齡降低，那麼提高濃度將有所助益。但是，如果這種老化相關的變化是次級的，病況就不會有所改善。如果這種變化是保護性的，實際上還可能導致嚴重的健康問題。HRT 的問題並非在於某些情況下可能沒有助益，而在於 HRT 通常認為荷爾蒙濃度低是一件壞事。評估 HRT 的潛在益處時，我們不該輕率假設，而該著重資料。如前面所指出的，依照目前的資料顯示，女性更年期時若提高雌激素濃度到「正常」程度，會造成罹患阿茲海默症和其他老化相關疾病的風險升高。所謂「正常」的定義，必須根據年齡和其他相關狀況而定；如果雌激素濃度會引發疾病並造成高死亡率，當然就並非「正常」。

　　如果解說還不夠清楚，我最後想再說一次。某些特定問題可能可藉由特定荷爾蒙而獲得某些特定益處，但*荷爾蒙替代療法並不會影響老化*。

內分泌老化：重點速覽

年齡：荷爾蒙濃度與老化相關變化唯一無可爭辯之處，在於更年期發生的轉折以及雄激素進一步的逐漸減少。大多數人的生長激素濃度都呈下降趨勢，然而與老化、沒有活力、睡眠模式改變、飲食、疾病的關係則依然有爭議。

費用：關於老化的全球市場有各種評估，目前內分泌療法每年已接近 30 億。

診斷：缺乏荷爾蒙的正確診斷，基本上可在實驗室中進行測試，不過實際上一些病例還需要特殊配套或重複測試。

治療：雖有療法可以處理大部分荷爾蒙濃度比正常人低的情況，但相關療法的適當性存有爭議和分歧，有越來越多人認為風險大於可能的利益。買方需自負責任。

地區性系統與特殊案例

肺部老化

我們年紀越大，呼吸越不容易。很多老人都不知道自己的呼吸能力有什麼明顯變化，這是因為在日常活動和休息時間中，我們只利用了一小部分的肺容量。但當我們需要發揮體力的時候，就可能發現潛在的肺部問題。老化首先會減少我們的肺餘量，要很長一段時間以後才會影響到我們日常活動的呼吸。

我們的肺是逐漸而緩慢地老化，抽菸、受損、感染等其他肺部傷害則會加速老化。我們年輕的時候，唯有在精疲力盡或極端狀態下，才會有呼吸急促的問題。隨著年齡的增長，在低階運動

中也會漸漸發生呼吸急促的狀況。此外，肺部從前的疾病史會快速促進老化的過程，結果許多慢性吸菸者即使並不操勞，也會有呼吸急促的問題。

　　老化本身（同樣再度獨立於其他問題之外）會導致幾種肺部變化，其中最重要的是結構變化、血管變化、免疫變化。血管和免疫系統的老化會在本書其他章節另作討論，讓我們先來看看結構變化。老化相關的肺部結構變化的定義，幾乎完全是來自於漸進性的肺泡表面喪失（如慢性阻塞性肺病 COPD），有些變化另發生在肺泡之間（間質性肺病）。肺泡是肺部與血液進行氣體交換的小囊部分，肺泡數量會隨著年齡而減少。想像一下，兩個小肥皂泡結合形成一個大肥皂泡，這就好像我們肺泡減少的情形。這會造成氣體交換的表面積縮小，導致肺部的效率變差。這個問題主要是由於肺泡減少，但肺組織也失去彈性、支持力和肌肉功能，導致小氣道狹窄。這兩個問題會導致小氣道封閉，並進一步降低可用的肺泡表面。這些因素逐漸累積，造成肺總容積雖然能隨著年齡增長保持一定，但數量、表面積、*內部*肺泡的複雜性都會降低，因此變得越來越難以維持有效的氣體交換。想要維持我們身體的氧氣供應以及排除血液中的二氧化碳，變得需要付出更多努力。血液中的二氧化碳含量可能會慢慢增加，氧含量則可能會慢慢下降。

　　產生的症狀，特別是主觀上的呼吸急促、不順，也許是各種老化相關問題中最恐怖的。呼吸急促好像溺水、窒息一樣，會造成我們心底最深的恐懼，產生恐慌。急性中風和心臟病發會造成猝死，阿茲海默症很悲慘，其他老化相關疾病則可能會造成殘障，但呼吸急促會令人恐懼。隨著肺部功能的衰退，恐懼隨侍在側。幸運的是，在一般老化過程中，非常嚴重的肺功能衰竭很少見，大多數患者都是長期吸菸者或曾有過其他嚴重肺部問題。然而，如果我們活得夠長，如果我們沒有因為其他老化相關問題而死亡，

我們或多或少都會出現這些症狀。要防止這些症狀的唯一方法就是圍堵造成肺部老化的基本細胞。

隨著年齡的增長，我們的肺細胞不僅減少，存在細胞裡面的端粒長度也越來越短。除了構成肺泡的細胞，這種情況也發生在肺部的其他細胞，如間質細胞、免疫相關細胞（例如巨噬細胞），以及構成氣管纖毛的細胞等。而吸菸、嚴重和慢性肺炎、其他肺部損傷等，都會加速細胞減少和端粒縮短。

肺病被確診為老化相關的最常見疾病，通常稱為慢性阻塞性肺病（COPD），雖然這名詞近年來有些改變。這種症狀經常會與肺氣腫、特發性肺纖維化、瀰漫性間質纖維化、間質性肺炎等其他肺部疾病的診斷重疊。誤診和診斷重疊是由於老化相關的肺部變化，實際上，肺泡變化是屬於頻譜的一側（如慢性阻塞性肺病），而肺泡間組織的變化（間質性肺病）則屬於頻譜的另一側。所有的變化都會導致肺功能降低，至於表現的模式可能有所不同，診斷特徵也有不同的模式，進程也有些許不同。然而幾乎在所有情況下，這些同種疾病的不同差異都有一個共同點：與老化有關，並且會因吸菸、空氣汙染、感染等肺部損傷而加劇病情。最重要的是，對於這種疾病患者來說都會有相同的結果，亦即肺功能喪失、呼吸急促、無法進行日常活動，死亡風險很高。

老化相關的肺部疾病可能都具有相同的細胞病理：損傷、細胞減少、端粒縮短、基因表現圖譜改變、細胞功能變化、組織功能受損等，以及後續發生的臨床疾病。肺部受損記錄包括吸菸、空氣汙染、感染等都會促使肺細胞加速變化的模式。肺部受損會使肺中的細胞損壞和死亡，為了更新取代這些細胞，必須強迫細胞更快速分裂，因此加速了端粒縮短，促使表觀遺傳改變，出現老化相關的肺部疾病或嚴重化。目前除了對症療法，沒有其他臨床介入性治療可防止、暫停、明顯減緩老化相關肺病。

　　如同其他系統，有效的治療必須有能力足以重新延長肺細胞的端粒。

肺部老化：重點速覽

　　年齡：從 2、30 歲開始，已經可測量到肺泡減少。後續的減少速率是男性高於女性。位於肺泡間的間質性變化，也會隨年齡改變，但通常稍晚才診斷得到，並且變化可能更快速。

　　統計資料[1]：慢性阻塞性肺病 COPD 經診斷約為人口比例 5%。在一些發展中國家居第四大死因。由於人類壽命越來越長，加上全球使用煙草量增加，此病症有增加的趨勢。

　　費用[2]：單獨估計，美國大約為 500 億元。

　　診斷：常基於症狀（如呼吸短促、咳嗽、有痰）和身體檢查的基礎上做出診斷，通常需經 X 射線、肺功能檢查、動脈血氣體檢查、高解析度電腦斷層掃描（HRCT），尤其是罹患肺間質疾病的情況下。某些病例會進行肺部切片檢查。

　　治療：現有治療多為支持性，雖然可以緩解急性症狀，但幾乎無力阻擋疾病的整體進展。無論任何病例，患者都應戒菸，並注意空氣汙染和感染等因素，避免加速肺部損傷。治療包括施以抗生素（急性細菌感染）、血管擴張劑、類固醇、免疫接種（預防肺炎雙球菌或病毒感染）、氧氣療法、肺部復健，某些極端案例則需進行肺移植。

1　http://www.cdc.gov/copd/data.htm
2　http://www.lung.org/lung-disease/copd/resources/facts-figures/COPD-Fact-Sheet.html

胃腸老化

　　消化道從口腔延伸到肛門，集合了各種不同的組織與營養相關功能：包括送進食物、分解、吸收營養、排除殘渣。人體呈立體環狀，穿過中間的胃腸系統好比環中心的管狀通道，這個管道的形狀和功能都非常複雜。

　　嘴部的老化相關變化通常出現在牙齒，例如牙周病例增加，牙齦炎發生率升高。我們可以簡單將所有牙齒上關於老化的變化，包括琺瑯質逐漸侵蝕和掉牙，歸咎於「身體不可避免的磨損」，大體來說這樣想是有道理的。除了童年時期乳牙會換為成人的恆齒，我們沒有理由認為可以做什麼事來阻止或扭轉牙齒使用上的問題。另一方面，許多關於牙齒老化的變化則是由於飲食問題（蔗糖、酸等），包括有不刷牙、不用牙線。我們有充分的理由認為，牙齒老化與免疫系統老化有關。在病理學上，慢性低程度感染的牙周病當然與免疫有關。根據資料顯示，縮短的端粒與牙周病、免疫老化有關。

　　無論原因是出在遺傳、飲食還是衛生，有些人在年事已高時依然保有一口好牙，有些人則早在成年期，身體其他系統還沒有產生老化相關的變化前，便已失去大部分牙齒。重新延長免疫相關細胞的端粒當然可能有效改善口腔健康，特別是可以預防牙周病，使健康牙齒的使用年限延長至老年。另有證據指出，飲食和口腔衛生一直都是牙齒老化相關疾病的主要危險因子。

　　肝和腸的老化相關變化往往很難與老化無關的疾病區隔開來，因為當我們老化，很多這類疾病就會發生或惡化，包括胃食道逆流和各種腸道疾病，如腸子發炎的克隆氏症、局部腸炎、腸躁症等。在許多病例中，這些疾病會受到胃腸系統細胞老化或免疫細胞老化的觸發或加劇，但我們沒有明確的理由在老化篇幅中討論大多數的這些疾病。

　　然而有一種老化相關的變化發生在腸內，但大多都與腸壁本身功能有關，而不是上述任何疾病。老化的腸子即使沒有特定疾病，也會明顯出現吸收、免疫功能、蠕動等問題。老化的腸子較不能吸收營養物質，也較不能生產各種酶和輔因子來執行有效的吸收，特別是鐵、鈣、鋅、維生素 B_{12} 和 D 等。口服藥的吸收效果可能較差，使藥物濃度不穩定或不足。大腸壁肌肉失去力量，造成腸子收縮運送食物的蠕動變得缺乏效率，增加便祕的可能性。大腸壁失去了強度與彈性，使蠕動波更可能導致腸壁向外膨脹呈現囊狀小氣球，突出在正常腸壁外。這些憩室腫脹（憩室病 diverticulosis）或感染（憩室炎 diverticulitis），可能會導致中老年患者的發病率和死亡率顯著上升。超過 70 歲的老人約有一半[5]有憩室病，而且經常會出現併發症。

　　大致來說，胃腸道的細胞會分裂（特別是負責吸收和生產輔助因子的細胞，以及肌肉細胞和免疫細胞），端粒會縮短。再延長端粒可望改善老化相關的變化。

泌尿系統老化

　　腎臟、膀胱等相關構造會表現重要的老化相關變化。有些變化對個人來說很重要，例如腎功能，而其他變化則會影響住在一起的人，例如晚上多次從床上爬起來上廁所，會吵醒同睡一張床的人。當然，泌尿系統並不是唯一會因老化而衰退的構造，還有其他老化問題也會對我們和一起生活的人帶來影響。

　　腎臟的工作是過濾血液，把我們仍需要的物質抓回去，然後排除我們所不需要的。收回和排除這兩個任務，老化以後效果會變差。由於我們失去可以取代腎細胞的新細胞，腎細胞端粒會越

5　http://www.lung.org/lung-disease/copd/resources/facts-figures/COPD-Fact-Sheet.html

來越短；老細胞不但變少，效率也變差。失去腎細胞代表失去腎元，腎元是腎臟過濾尿液的基本功能單位。腎臟跟身體其他器官一樣，動脈壁和微血管床（capillary bed）也會隨老化出現相關的變化，這些變化會一起造成高血壓升高的風險。腎元減少，細胞老化，於是腎功能下降。由於老化的動脈和低效率的過濾作用，造成血壓上升。而我們血液中一些重要的分子，原本必須倚賴腎臟小心把關，最後就會因老化而出錯。即使分子濃度正常，卻再也不像青壯年時期那般穩定，容易發生異常。對大多數人來說，老化的腎依然有充足的餘力能夠應付日常需求，但腎臟會漸漸失去餘力，可能發生腎衰竭。我們年紀變大，只要一點壓力就可能引起腎臟出現嚴重問題，例如腎衰竭。

　　膀胱老化除了會失去細胞，造成細胞功能降低，膀胱壁細胞也會變得無法維持彈性蛋白和膠原蛋白。結果膀胱會變得缺乏彈性和擴張力，不再能像年輕的時候那樣容納許多尿液。肌肉也變得衰弱，不再能快速排空膀胱，也總是排不乾淨。結果我們變得無法一夜到天明，半夜要起床小便。所有這些變化，加上免疫系統的老化，讓我們很可能罹患泌尿系統感染、尿失禁、尿滯留等。

　　無論男女，老化的泌尿系統都會發生劇烈變化，對性交能力產生顯著影響。男性年齡越大，持久力和勃起時間越少。雖然其他因素例如肥胖、吸菸、飲酒和運動不足，都會提高罹患勃起功能障礙的機率，但問題發生和嚴重程度的主因絕對在於老化。同樣地，負責維護勃起功能的血管細胞，隨著細胞分裂而功能降低，端粒縮短，使得表觀遺傳模式發生改變。女性陰道粘膜最顯著的變化發生在更年期，不過同時，粘膜細胞依然會因分裂而縮短端粒長度。表觀遺傳模式的變化，在此是由短端粒和低濃度雌激素兩個因素所造成。雌激素和其他類固醇激素一樣，直接連結在染色體上，調節基因表現。結果使陰道粘膜變薄，肌肉和彈性蛋白功能下降，潤滑液分泌減少。

感官老化

　　感覺系統的變化是多方面的，包括觸覺、視覺、聽覺、嗅覺和味覺。觸覺變化經常不易覺察，可能是因為發展非常緩慢，而且在日常活動和人際交往上較不具作用。嗅覺和味覺的衰退也很慢，但比較明顯，尤其當我們失去享受美食能力的時候，會特別覺得難過。然而最糟糕的是喪失視覺和聽覺，無論是工作、娛樂和社交生活，聲音和影像都是我們每天生活中最重要的部分。一旦老化使視力和聽力受損，感受尤其深刻。

　　我們會察覺到任何感覺系統整體能力的衰退，但衰退很少是因為接受器*內部*靈敏度降低，而是接受器*之間*的辨識能力變差。以觸覺來說，個別的感覺接受器依然同樣靈敏，只是受器數量減少。這個原則幾乎適用於所有感官，但經常受到誤解。例如，我們失去聽覺的方式可能有二，一是失去受器敏感度，所以我們聽不見輕柔的聲音。二是接受器之間辨識能力變差，所以像是聽演講的時候變得無法準確分辨字句。

觸覺

　　關於觸覺，我們會隨著老化而失去受器。我們一出生，受器的數量是固定的，這代表隨著我們的成長，由於全身皮膚面積增加，每平方公分的受器會變少。然而老化會造成我們失去受器，這是一種很重要的改變。受器或許會一直保持靈敏度，例如輕微碰觸依然有感覺，但受器減少，會造成我們降低碰觸位置的定位能力。我們還是知道有受到碰觸，只是不確定身體哪裡被碰觸或是被什麼碰觸。想要辨識這一點，必須具有「兩點辨識覺」（two-point discrimination），能夠分辨是單點碰觸，還是被距離相近的兩點同時碰觸。然而以個人來說，我們知道自己的辨識能力降低多是由於探索口袋或包包時變得不能分辨質料或物體，換言之，

我們觸摸辨識物體的能力會逐漸喪失。根據資料顯示，70 歲老人皮膚每平方公分的觸覺接受器會喪失約 80%，因此觸摸物品的時候，正確辨識力只剩下年輕時的一半[6]。此時如果我們仔細觀察皮膚內部，會發現存在神經的數量通常只有微小的變化，而每根神經的接受器數量和傳導速率，都會隨著年齡增長而顯著下降。簡言之，隨著老化，我們的注意力會比年輕時來得慢，也比較不能分辨碰觸到的是什麼。

這兩種變化可能都要歸因於細胞老化。由於周圍神經很少分裂，因此不太可能出現細胞老化，然而末梢神經周圍的髓鞘，必須快速傳遞神經衝動，製造髓鞘的細胞，就像周圍神經的觸覺受器一樣，都會出現細胞老化的情形。周圍神經受器可感覺輕微碰觸、疼痛、溫度或壓力，在正常使用中都會更換，因此端粒會縮短，產生細胞老化。

嗅覺和味覺

隨著老化，我們漸漸失去辨別氣味和滋味的能力。就像周圍神經觸覺一樣，老化以後，我們接著會失去嗅覺受器細胞以及口腔味蕾。對於刺激性氣味和滋味的感覺能力，減少的程度較低，依然能分辨苦味和臭味，但卻會變得不太能夠分辨氣味和滋味的細微差異，這種衰減由於事關日常生活中每天都要體驗的飲食，因此我們特別容易發覺食物變得不那麼誘人，我們也不再那麼樂在其中。

嗅覺能力顯然會隨老化而降低，但難以精確測量，畢竟氣味

6　http://informahealthcare.com/doi/abs/10.1080/08990220310001622997
http://informahealthcare.com/doi/abs/10.1080/08990220601093460
http://www.scholarpedia.org/article/Touch_in_aging#Changes_in_touch_sensitivity_and_spatial_resolution_with_age

是很難量化、很主觀的。然而，許多研究顯示，嗅覺辨別能力的喪失多從 70 歲開始，常見於 80 歲以上的老人，或是程度變得較嚴重。此變化是由於嗅覺受器數量會隨老化而顯著減少。嗅覺受器細胞是可以更新的，尤其是年輕的哺乳動物，但更新速率會隨著老化而降低──嗅覺受器減少，鼻腔中負責嗅覺的面積也縮小。相似的過程也出現在舌頭上的味蕾，不過狀況不太嚴重，一般並不明顯。例如，我們在成年前後味覺受器通常只有兒時的一半，隨著年齡增長，味覺受器會繼續減少。即便如此，隨著老化，我們的酸、甜、苦、鹹、鮮五大基本味覺衰退的情形較小，而分辨氣味能力的衰退則較大。由於氣味對我們品嚐食物的能力有重要作用，因此分辨氣味能力的大幅衰退，表示我們享受食物的能力也跟著大退，更失去了分辨美味可口食物和不好吃食物的能力。

　　喪失味覺受器和嗅覺受器，以及逐漸喪失替換失去受器的能力，都可歸因於細胞老化。我們目前沒有方法可以治療這些感官的喪失，但重新延長剩餘受器細胞的端粒，則是令人期待的有效介入性治療。

聽力

　　即使在這個簡訊與電子郵件滿天飛的時代，我們的聽力依然是社交溝通的重要關鍵。除了身體語言和手寫文字，還必須仰賴使用聲音，我們的文化才能正常運作。就像我們認定的形象那樣，隨著年齡增長，聽力減損，老年人用手支著耳朵說：「聽不見啊！」老年性聽損（presbycusis）或稱老年性耳聾，在全世界都很普遍，然而嚴重程度卻有很大差異。引人好奇的是，最常見的老年性聽損並不是失去低微聲音的聽力，而是子音等高頻音（譯註：如注音ㄗㄘㄙ等氣音），因此我們難以分辨人家說話的字詞，也聽不見鳥叫或隔壁房間的手機響。

　　隨著年齡的增長，當我們在屋子裡和說話者面對面，還是電

影或電視節目裡面有人在說話，我們都會變得越來越聽不清楚。低音（母音）的分辨不受影響，但卻會漸漸喪失對高音（子音）的分辨。這樣說指的並不是我們再也聽不見有人在說話，而是說話變得更難以分辨，聽不清楚的英文字例如：bed,bet、feed, feet、rack, racked，因此當有人說話時字詞串在一起，我們就更難明白整句話的意思。

　　我們漸漸失去分辨高頻音的能力，是因聽覺受器的運作方式所致。聲音的組成是音波，音波包括短暫的駐波（見下方圖表），駐波會觸發聽覺受器產生訊號，於是我們可以聽見，如圖中的黑色圓點位置。高頻音觸發的受器較多，低頻音觸發的接受器較少。隨著老化，我們會漸漸失去聽覺受器，如圖中的白色圓點位置，

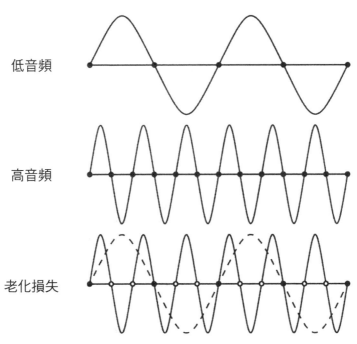

老化造成的聽力衰退

代表沒有觸發受器產生訊號，所以無法分辨高頻音和子音等，變得聽不見。

　　高頻音（以及理解語音）的聽力漸漸衰退，這種情形會隨著老化發生在幾乎所有人身上，不過還有其他一般的聽覺損失不是由於老化，而是因為廣泛性聽覺受器損失、神經損傷、動脈硬化、糖尿病、高血壓、創傷、藥物傷害等。其中如動脈硬化等原因直接與細胞老化相關，而其他如外傷或藥物傷害則與細胞老化無關。接受器的損失是直接由細胞老化所引起，因為人體不會替換聽覺受器，老化的受器功能會衰退。同樣地，唯一可能有效的介入性治療，就是重新延長剩餘受器細胞的端粒。

視力

　　視覺是大多數人認為最不可或缺的感官。視力會隨著老化出現許多方面的變化，不過還不至於完全失明。40 歲以後，幾乎每個人都會覺得越來越難看清近的東西。在閱讀或近距離工作的時候，例如難以將線穿過針頭，或總是綁不好釣魚鉤。這種變化稱為老花眼，通常是由於水晶體老化，或因睫狀肌的變化所致（睫狀肌是控制水晶體形狀的肌肉）。另外老花眼還與眼球形狀改變或其他相關結構變化（散光）有關。水晶體是透明細胞的集合，可折射光線，無論物體遠近，都可在視網膜上產生聚焦影像。水晶體細胞沒有血液直接供應，也沒有粒線體，但代謝作用依然活躍。透明的水晶體細胞產生的主要透明蛋白稱為晶體蛋白（crystallin）。我們目前尚不清楚成人水晶體中蛋白質的回收程度。

　　老化造成老花眼的主要原因雖然還有分歧，但主要公認是水晶體外圍的細胞層逐漸增生，造成水晶體缺乏彈性和改變形狀。20 歲以後，晶狀體會變得比較圓，睫狀肌必須更加努力運作才能聚焦物體影像。若在此所設定的簡單模型為真，那麼細胞老化可能不是導致老花眼的主因，而我們唯有一種經過時間考驗的有效

方法來治療老花眼，也就是戴眼鏡或隱形眼鏡。另外還有一種可能，就是表觀遺傳變化間接影響了晶狀體蛋白的替換或水晶體形狀。或者也可能因睫狀肌細胞老化，造成水晶體聚焦功能變差，就這點來說，如果我們可以重新延長這些細胞的端粒，或許是有效的介入點。不過，端粒酶治療究竟可否減輕老花眼症狀，仍然是一個開放性的問題。

　　隨著年齡的增長，視覺上的對比敏感度有一種更細微的改變，這是因為我們的視網膜逐漸喪失了偵測細節的能力。原因可能很多，主因或許是視網膜神經節細胞損失。神經節細胞負責視網膜視覺訊息的初級處理，然後將處理過的訊息傳送到大腦。神經節細胞會接受不同頻率的細節，所以如果這些細胞數量減少，我們就會喪失一部分辨識細節的能力，感覺有點像從高畫質電視換成老式的標準解析度電視。令人好奇的是，這些細胞的部分負責瞳孔的光線反應，調節我們的晝夜規律，而隨著我們老化，這兩者都會出現問題，可能就是因為逐漸失去這些細胞所致。

　　老花眼是最常見的老化相關視覺變化，但並不是最可怕的。

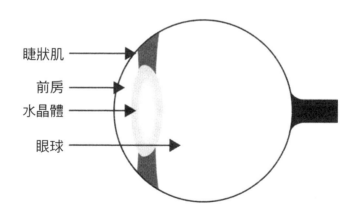

人眼的水晶體形狀受到睫狀肌的控制，可聚焦遠近物體。隨著年齡增長，關於眼睛為何變得難以聚焦近距離的物體，說法分歧。

視力的總損失不只是單純的敏感度，可以是各種疾病的結果，包括黃斑部病變、青光眼、白內障、糖尿病相關眼部疾病或其他。這些疾病部位顯然與血管變化有關，這點我們將會在下一章進一步解釋，其他則純粹是發生在眼部的疾病。

　　老年性黃斑部病變（AMD）是導致失明的主要原因之一，特別是對老年人來說。惡名昭彰的黃斑部病變是攻擊我們的「視覺中心焦點」中央窩，患者發現自己再努力都看不清特別想要看清的東西，不過周圍其他視覺則相對未受損害。

　　因此患者無法閱讀、看清臉面孔，或做任何需要視覺細節的事物。黃斑部病變患者仍然可以看到周圍物體，讓他們可進行許多日常事務，但殘疾是明顯而漸進的。年紀越大，罹病風險越高。部分的人或許在退休之後的 10 年間（65 至 75 歲）有 1/10 會產生些許黃斑部病變，接下來 10 年的發病率則升至 1/3。黃斑部病變始於視網膜黃斑隱結（drusen）的黃色素減少。此色素的來源不明，或許是眼部細胞，或許是免疫系統細胞，但是，我們可以合理推斷黃色素的產生和修飾是來自細胞，因此細胞老化會造成此功能混亂。若真如此，老化細胞會造成表觀遺傳的變化，那麼當前的介入性治療措施將可能都是無效的，因為這些治療方式都是治標不治本。重新再延長端粒可否防止或治癒老年性黃斑部病變，仍然是未知的，但這種介入性治療可能比現在任何可用療法更有效。

　　隨著年齡增長，更常見的是白內障。白內障是一種局透鏡的疾病，全世界約有半數失明是由白內障所引起。我們一般將「老化」列為白內障一大原因，另外則與糖尿病、創傷、暴露於輻射（特別是紫外線）、遺傳學、皮膚疾病、吸菸以及某些藥物有關。白內障惡化會使透明的水晶體變得越來越混濁，最後終致看不見。白內障的英文 cataract 字義就是瀑布濺起的白色水花（不是透明的），似乎與水晶體液中晶狀體蛋白含量上升有關。晶狀體蛋白

會發生變性，開始隨年齡增長而降解。一般標準公認，人的一生晶狀體蛋白都不會改變，因此不需維護或更新，但最近的研究顯示，這種解釋過於簡化[7]。目前雖然機制尚不清楚，但即使是成年人，晶狀體蛋白也確實會隨時間而逐漸更新，因此明顯可看出是基因表現改變的結果。水晶體（成年人也一樣）是一個動態的器官，通常會保持運輸和更新晶狀體蛋白的能力。若是這種能力衰退，會導致白內障形成。無論是表觀遺傳模式的正常化，或恢復正常蛋白質的維護，在防止或減輕白內障上仍屬未知。希望取決於臨床試驗。

青光眼（glaucoma）有時也稱為「無聲無息的視力小偷」，不過「角閉鎖型」青光眼發展迅速，患者也很痛苦，一點都不「無聲無息」。青光眼是全世界繼白內障後導致失明的第二主要原因，通常是由於在眼前房（水晶體前方、角膜後方）壓力增加，造成水晶體向後推擠，增加了眼球壓力，逐漸壓迫血液對眼球的供應。結果可能造成視網膜細胞、視覺細胞和視神經的死亡，最後導致失明。問題原因在於前房的液體，房水（aqueous humor）的吸收。房水若持續產生卻不被吸收，就會造成壓力上升和青光眼。目前的藥物治療著重在減少房水產生，或通過各種機制使房水流出。青光眼至少有開角型和閉角型兩種主要類型，然而明確的細胞機制和細胞老化關係，尚未有進一步探索。在一些案例中，端粒區基因已知與某些青光眼有關。由於較典型的青光眼與老化有關，當然意味著背後的表觀遺傳變化，以及端粒酶治療的有效反應。

直接端粒相關疾病

一般老化相關疾病中，有幾種疾病已被證明直接與端粒維持相關。其中有許多是由於端粒酶或端粒本身功能異常，而這些通

---

[7] http://www.ncbi.nlm.nih.gov/pubmed/23441119

常是遺傳。

先天性角化不全

先天性角化不全（Dyskeratosis Congenita, DKC）是一種端粒維持異常所引起的遺傳性疾病，是由於端粒酶RNA組件的突變所造成。突變至少有三種（可能超過），結果使細胞（特別是幹細胞）在生長過程中無法保持正常的端粒長度。可以預見的是，由於端粒縮短，染色體的基因突變風險增加，因此提升罹癌風險。此外，DKC 患者有不同尋常的皮膚色素沉澱、頭髮過早花白、指甲異常等其他功能不良。問題通常會在青春期之前被發現，約有75%的病患是男性。主要的臨床問題不在於明顯的症狀，事實上，患者的骨髓約有 90%會出現異常，其中約 70%會導致死亡，通常是因為出血或感染，有時是肝臟衰竭，可預見的是，由於端粒異常，很多DKC症狀有點像早衰。我們有充分的理由認為，端粒酶療法可有效治療 DKC，特別是在實驗室中，只要我們重置端粒長度，便可扭轉此問題[8]。

早衰症

早衰症包括一些相關的症候群，Hutchinson-Gilford 早衰症候群、成人型早衰症（Werner's syndrome）、肢端早衰症（acrogeria）以及 metageria 等。「典型」或兒童期發病早衰症（Hutchinson-Gil-

---

8　Gourronc, F. A. et al. "Proliferative Defects in Dyskeratosis Congenita Skin Keratinocytes Are Corrected by Expression of the Telomerase ReverseTranscriptase, TERT, or by Activation of Endogenous Telomerase Through Expression of Papillomavirus E6/E7 or the Telomerase RNA Component, TERC." 「先天性角化不全症皮膚角質化細胞，經端粒酶反轉錄酶 TERT 表現修正，或藉由乳頭瘤病毒 E6/E7 或端粒酶 RNA 組件 TERC 基因的表現，以活化內源性端粒酶」。*Experimental Dermatology*《實驗皮膚病學》19 (2010): 279-88.

ford）是罕見的遺傳異常，一出生端粒就已經縮短，顯然與 Lamin-A 蛋白的缺陷有關，這種蛋白會影響細胞內核膜，造成端粒維護不正常。病患出生時端粒長度等於一般 70 多歲的長者，由於身體都是「老細胞」，造成孩童相貌看起來有如老人，平均死亡年齡則為 12.7 歲，死因一般為動脈粥樣硬化、心臟病發和中風。病患不僅相貌衰老，血管、皮膚、頭髮和關節等也老化，但並不具有阿茲海默症或免疫衰老的相關性高風險。早衰蛋白（progerin）是 Lamin-A 蛋白缺陷所產生的異常蛋白質，這種蛋白亦可見於正常的老化細胞中。起初此種異常引起相當的矚目，我們嘗試使用脂肪酸轉移酶抑制劑（farnesyltransferase inhibitor）修正患者的異常蛋白，但一直收效甚微，這表示此療法可能只是亡羊補牢。儘管 20 年前醫學教科書便已建議使用[9]更明顯有效的介入性治療（端粒再延長），卻並無得到推行[10]。

愛滋病毒／愛滋病

　　HIV 或 AIDS，與一般常見的老化疾病間有令人好奇的關係，因為愛滋病患者的淋巴球更新迅速，端粒縮短速率很快，結果就造成免疫系統嚴重老化，不過僅限於特定類型的細胞以及愛滋病毒對生物體所造成損害的位置——HIV 病毒感染免疫系統細胞，特別是 T 細胞和樹突細胞——被感染的細胞會死亡，人體便以細胞分裂的方式來反應，製造更多的免疫細胞來取代，因此隨著病情發展，這些細胞的端粒就會越來越短。身體持續更新失去的淋

---

9 Fossel, M. *Reversing Human Aging*《扭轉人類老化》(New York: William Morrow and Co., 1996).

10 Fossel, M. *Cells, Aging, and Human Disease*《細胞、老化與人類疾病》(New York: Oxford University Press, 2004).
　　參可爾 Fossel，細胞，延緩衰老，與人類疾病（紐約：牛津大學出版社，2004 年）。

巴細胞會產生一種不穩定的平衡，但端粒縮短到極限的時候，細胞分裂速率會減緩，更新的細胞的功能也跟著下降，然後會出現一個拐點，突然從發病變成死亡。很久以前就有一個提議，端粒酶雖不能治癒愛滋病，卻可以讓生物體產生一種不確定的免疫反應，使免疫細胞不至於衰竭，從而避免個體死亡。由於有數種治療方式對愛滋病十分有效，包括抗病毒藥物、高活性抗反轉錄病毒療法（HAART 俗稱「雞尾酒療法」），以及重要的 HIV 蛋白酶抑制劑，還有令人期待的 HIV 疫苗，所以端粒酶可能的優點都被冷凍處理，但它依然可能是有效的介入性治療點位。

癌症

癌症在端粒治療目標的討論中一向是主要的議題。雖然問題的形式有許多種，但多是集中在端粒酶的安全性或更複雜的問題上，例如長端粒是否可預防癌症或促進癌症等。簡言之就是，端粒酶是否會引發癌症？

不會，端粒酶不會引發癌症。
會，端粒酶可避免大多數癌症。

這個討論始於一種悖論：由於大部分癌細胞會表現端粒酶，因此端粒應該會延長，但大部分癌細胞的端粒卻是短的。另一方面，正常細胞通常不會表現端粒酶，而具有長端粒的細胞最不可能在第一時間變成癌細胞。端粒酶存在於癌細胞中，可能表示端粒酶是有害的，但事實上長端粒具有保護性，所以表示端粒酶可能是有益處的。

進一步說，雖然端粒酶抑制劑被認為是癌症療法中一個很好的選項，但使用端粒酶活化劑卻可以預防癌症。換句話說，端粒

酶**抑制劑**可用於治療癌症，但端粒酶**活化劑**卻可用於預防癌症。

這兩種說法怎麼可能同時為真？

為了知道端粒酶在癌細胞或任何正常細胞中的價值，我們需要先知道癌症一些事情。大多數癌症的發生是由於一個或多個不正常的基因，遺傳性的很少見，後天突變的結果才是較為常見的。有些遺傳基因不見得會直接**引發**癌症，但已知會增加罹癌可能性。其中最普遍已知的可能是婦女身上發現的異常 *BRCA1* 或 *BRCA2* 基因，擁有這些基因的婦女（根據基因狀況）有80%機會罹患乳癌。這組特定的基因會參與 DNA 修復，所以異常 *BRCA* 基因會增加 DNA 損傷的風險，因為 DNA 的後天損傷不能修復。我們在癌症中可以看到一種類似的普遍問題，就是正常基因和正常染色體的維護問題變得越來越多，造成基因體的不穩定。癌症的異常來源無論是由於遺傳、後天導致或兩者兼具，細胞通常都會產生基因體不穩定，臨床上的結果就是細胞遲早會癌化。

打個比方，我們可能會認為癌細胞像反社會分子潛伏在組織的細胞區中。正常細胞具有組織特殊功能，因著內部和外部兩種因素，會受到異常部位的限制。在正常組織中，細胞會接收化學訊號，告知何時分裂，何時停止。例如，正常乳腺細胞除非有更新細胞的需求，否則不會分裂，但是癌化乳腺細胞則會不顧訊號持續分裂。正常非癌化的細胞若DNA受損，即使外界傳來分裂訊號也不會進行。另一方面，癌細胞則會忽略所有內部或外部抑制訊號，無論 DNA 是否有損，都依然會分裂。

癌細胞的問題是雙重的：既會增殖，又不工作。頻繁的細胞分裂會導致產生一堆不必要的細胞，而這些細胞不僅會消耗代謝資源，細胞數量本身還可能是致命的，例如腦癌細胞的數量增加會擠壓顱骨中的大腦。而且癌細胞不會對內部和外部訊號產生反應（所以在不對的時間進行細胞分裂），所以會影響許多其他細胞的功能。以白血球來說，原來細胞應該要製造一些特殊的蛋白

質，卻可能製造出錯誤的蛋白質，或製造太多正確的蛋白質，或根本什麼都沒有製造。當然，如果單一壞細胞產生這種表現還不會引起實際問題，因為一百萬個正常細胞原本就會有一個壞細胞。癌細胞致命的原因在於，癌細胞會不斷分裂，產生許多的癌細胞。簡言之，從臨床角度來看，預防癌症關鍵在於防止不適當的細胞分裂。

身體的每一個細胞，正常來說都具有三種主要的保護以避免DNA 損傷，造成不適當的細胞分裂。第一重是細胞會偵測並修復受損的 DNA。癌細胞不會修復自己的 DNA 損傷，所以第一重保護失敗。第二重保護是偵測到DNA損傷時，正常細胞會關閉細胞週期，因此不能再複製受損的 DNA。因此即使受損 DNA 從未修復，至少細胞不再能產生和製造更多的損壞（例如產生更多癌細胞）。此細胞週期的煞車系統極為有效。但如果細胞的DNA損傷部分是造成細胞的煞車系統，在這種情形下，受損細胞會不顧生物體危險繼續分裂，造成癌細胞開始堆積，數量越來越龐大。

端粒縮短和細胞老化，是預防癌症的第三重保護。

端粒的運作有兩個方向。隨著端粒縮短，會藉由表觀遺傳變化使細胞失去活力，即使這個功能失敗，縮短的端粒最終也能確保染色體無法運作。染色體除了會失去端粒，在極端情況下也會失去本身的基因。若端粒越來越短，由於表觀遺傳的極度變化，細胞就越來越容易死亡。沒有端粒的細胞會因為喪失了基因而無法生存。為了生存，癌細胞必須維持端粒，至少得保持有最低限度的端粒，所以癌細胞會這樣做。

大部分癌症細胞為了生存和增殖，都會勉強維持短的端粒，端粒幾乎都不夠長，但短端粒會造成突變率變得非常高，使癌細胞不斷突變。雖然突變細胞很多都會死亡，生存下來的癌細胞卻越來越會抵抗身體的抑制訊號，以及其他大部分對於正常細胞生長的限制。從本質上說，一旦細胞掙脫了生長限制，發生突變，

子細胞的惡性就會變得越來越強。這是因為這些突變癌細胞經過天擇使得特性集中。持續同樣的過程，癌細胞可以逃避個體的免疫防禦功能——基因高速突變可確保生存的癌細胞具有逃避的能力。

　　癌細胞突變以後也會對癌細胞產生傷害，因此如何可以通過內部和外部的重重防禦而生存下來，我們可以推想到一個合理的答案是：大部分的癌細胞都無法生存。大部分的早期癌細胞遇到內部或外部的抑制訊號就會停止分裂或反應，度過此階段的癌細胞擁有縮短的端粒，這些細胞幾乎都會死亡或老化或因染色體損傷而大量死亡。倖存的癌細胞維持著最小的端粒長度，這些細胞往往會因人體的免疫反應而死亡，或像實體腫瘤一樣，不能維持足夠的血液供應而死。大部分的癌細胞都無法生存，這就是為什麼我們大多數人不會在幼年時期死於癌症。

　　癌症的問題在於，並非所有的癌細胞都會屈從於我們的防禦之下。極少數設法逃避重重障礙的癌細胞具有足夠的能力，可以殺死我們。

　　那麼端粒酶在癌症中的作用是？

　　如果端粒夠長，細胞具有基因體穩定性，就可以預防和有效修復遺傳損傷，有極高可能不會成為癌細胞。所以，如果一個細胞能夠表現足夠的端粒酶，維持端粒長度，端粒酶就是對抗癌症的保護。

　　但如果端粒短，細胞具有基因體**不穩定性**，就無法防止進一步的遺傳損傷和突變，而非常有可能成為癌細胞。問題是，許多癌細胞都產生剛好的端粒酶，維持非常短的端粒（或找到保持極短端粒的替代方式）。簡言之，如果我們的正常細胞產生大量的端粒酶以預防癌症，或癌細胞根本沒有產生端粒酶而很快死亡，患者都有很高的存活率。最糟的情況是有剛好的端粒酶使癌細胞不僅能夠生存，還能隨著時間進展更加惡化，但這恰好是大部分

癌細胞的情形。

這就是為什麼最有希望的癌症療法之一就是使用端粒酶抑制劑，以引發癌細胞死於細胞老化。不過，這種療法不幸地具有副作用，就是會抑制了我們的幹細胞端粒酶，對我們的長期生存有重要影響。但為了治療癌症，這可能是值得付出的小代價。這種療法的優點是立即生存，風險是組織被慢性破壞並提高各種老化相關疾病的風險。

鑑於我們對癌症的認識，端粒酶對一般人是否有利？在大多數案例中，端粒酶應在預防或治療大多數老化相關疾病，以及顯著降低罹患癌症的風險方面有極大的利益。但對於已經罹患癌症的人來說，結果卻不清楚。延長罹癌者的端粒，很可能使他們的細胞可以再度修復DNA損傷，並扭轉早期癌變，因此是有利的。在這種情況下，端粒酶不僅具有預防作用，還能治癒許多癌症。另一方面，如果端粒酶療法僅能維持短端粒，而不是重新延長端粒，那麼我們維持的就只是癌細胞。另一個考慮是，恢復細胞修復DNA的能力會**遺傳**缺陷的細胞端粒長度，這將會使細胞繼續分裂，將缺陷傳遞下去。端粒的長度再長，也不能解決這個問題。

真正有趣的是，人類的癌症發病率會隨著年齡增長呈現攀升的指數。小鼠和大鼠的癌症曲線也跟人類一樣，但牠們的壽命只

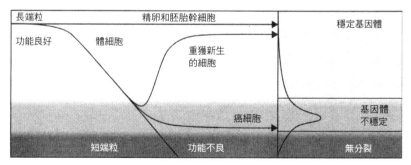

端粒長度與癌症

有我們的 1/30。這代表，癌基因突變是不能簡單歸咎於暴露在宇宙射線、紫外線輻射下，以及自發性分子變化（spontaneous molecular changes ，意指分子可以在體溫下異構化）的問題，因為人鼠的暴露率都是相同的。因此癌細胞更是因為DNA修復的累積**減少**，而這正是由短端粒所控制的問題。簡言之，如果我們可以重置端粒，就可以重置癌症的發病率。我們可能會使用端粒酶抑制劑來**治療**某些癌症，但我們或許可以利用端粒酶活化，以早期預防（我的意思是減少）大部分的癌症。如果端粒酶足夠活躍，極有可能預防或治癒某些早期癌症（而不是使癌症更惡化），但對於遺傳性基因的問題則沒有幫助。

底線很明確：一般而言，端粒酶可保護人體，抵抗癌症。

結語

在前面討論過的老化相關疾病中，老化的臨床問題是由於細胞老化。會分裂的細胞端粒會縮短，基因表現圖譜會產生變化，細胞效率越來越低，更新替換其他細胞速率也變慢。如果老化細胞不工作，也不能有效更新，老化組織功能就會混亂，發生我們看得見的明顯老化相關疾病。

如果能恢復這些老化細胞的端粒長度，我們就可以重置基因表現圖譜，並再次使這些細胞恢復年輕功能。正如我們將會看到的，我們有充分的理由認為，端粒酶可用於預防和治療大部分的老化相關疾病。

第六章

間接老化：無辜的旁觀者

到目前為止，我所討論的重點都是老化細胞，以及它們組成的組織所造成的疾病。被我稱為「直接老化」的，源自端粒在每次細胞分裂過程中會逐漸縮短，然後基因表現發生改變，造成細胞功能障礙，最後造成同類或周圍細胞在臨床上出現老化相關疾病。

但是，人體也有一些細胞類型終其一生都不會分裂，或是幾乎不會分裂，因此到成人期甚至很老的時候，端粒很少縮短。所以有人可能會認為，這種情形會保護不分裂的細胞不發生老化相關疾病。

但並不是。

實際情況完全不同。有些最普遍、最致命的老化相關疾病，就是被這些**不分裂**的細胞所影響，因為不分裂細胞總是高度仰賴**會分裂**的細胞。如今這個星球上大多數人皆死於不分裂細胞（不老細胞）功能衰退，因為這些不分裂細胞細胞仰賴的是會分裂、會老化的細胞。

以心肌梗塞為例，我們死亡是因為心肌細胞死亡。這些心肌細胞本身並沒有發生什麼明顯的老化變化，但由於這些心肌細胞的存活完全仰賴血液的供應，血液的供應又來自冠狀動脈的運輸。會發生心肌梗塞是因為冠狀動脈被阻塞。在冠狀動脈內壁的細胞，端粒會迅速縮短，同時開始發展動脈粥樣硬化。所以我們並不是

死於老心臟，而是死於老動脈。大多數老化相關致命疾病都屬於這種間接病理學。

我們最害怕的疾病是源於「間接老化」。「無辜旁觀者」細胞並不會隨著老化產生功能障礙，而是由於仰賴其他快速老化的細胞而死亡。在心肌梗塞、腦中風、阿茲海默症、帕金森氏症等類似的疾病中，死亡的細胞必需仰賴其他具有縮短端粒的細胞。

讓我們來探索間接老化的兩大類別：與老化相關的動脈疾病，以及與老化相關的神經疾病。

心血管疾病

我們之所以會恐懼心血管疾病，尤其是心肌梗塞，是因為發作得太突然。上一刻我們還覺得安全又健康，心裡還不太願意承認我們漸漸在老化；下一刻卻突然驚恐疼痛，甚至猝死。血管系統的老化需要數十年，但罹病的風險升高往往是不知不覺，直到臨床結果出現，以意想不到的方式擊中我們，使我們瞬間落入無助的死亡命運中無處可逃。

「心血管疾病」這個專有名詞雖然很常見，我們真正要討論的卻是血管內的一個**主要**問題（幾乎總是發生在動脈），然後導致心臟、腦或其他末端器官出現**次要**問題。首先，血管出現病態，接著末端器官發生障礙。說得精準些，我們可稱之為血管疾病。不過，把我們送入醫院的是末端器官障礙，因此得一併列入末端器官的名稱，以此案例而言稱為「心血管老化」。當然，「心血管老化」這個名詞也排除了大腦等其他仰賴動脈的身體健康部分。或許有人會因老血管而死，但動脈老化的進展，使得心臟、大腦、腎臟甚至肢體發生悲慘的問題，最終導致死亡。

動脈老化或「變硬」，統稱為動脈粥樣硬化，膽固醇斑塊通常屬於血管老化的一部分，這就是動脈粥樣硬化一詞的由來。無

論是否形成斑塊，動脈壁都會隨老化而顯現變化。由於細胞喪失了維持細胞間蛋白質的功能（特別是彈性蛋白和膠原蛋白），一般會越來越缺乏彈性和韌性，但這些都是正常健康血管所需要的。

結果，我們的動脈壁變「硬」也失去延展性，無法對血壓變化產生正常反應，造成動脈老化或更可能形成動脈瘤。動脈瘤會破裂、出血，使血壓升高，於是身體在轉換姿勢或生理狀況改變的時候，血壓會變得較不容易調整。這時測量的動脈壓通常較高，而末端器官的血流量會變少，造成大腦等血壓升高，但動脈血流供應卻不太充足。血壓變高、彈性變差，使得動脈壁破裂風險日益升高，最後引發腦溢血。較大的破裂會讓人明顯變虛弱，失去說話能力，甚至快速死亡。但腦溢血很多都很微小而不易察覺，若經過數十年的累積，大腦功能會逐漸喪失，這樣的情況被稱為多發性腦梗塞失智症（multi-infarct dementia）。同樣的問題也可能發生在其他器官，使得老化的身體全身都可能累積損傷。

若斑塊形成是由於動脈細胞的老化，這同時會產生一些風險。隨著時間的推移，動脈逐漸閉塞，將使末端器官缺血和衰竭（通常發生在心臟），除非血管系統可提供另一條供應血液的路徑（稱為「血管新生」Neovascularization）。更糟的是，斑塊可能鬆動脫落，順著動脈移動而造成其他位置的動脈突然被堵塞。若是血塊堵住給重要心肌的血液供應，就會造成心臟病突發，這往往會導致人立即死亡。如果血塊跑到頸動脈，然後進入大腦塞住，大腦大片面積會突然失去血液供應，結果造成缺血性腦中風，大腦功能喪失，此時通常會出現身體一側麻痺或失語（不能說話）。如果血塊跑到身體其他部位，可能會引發腎、腸等重要器官的組織壞死。

大部分的人（肯定也包括大部分的醫師）都覺得自己知道動脈硬化的原因，畢竟，動脈硬化顯然與吸菸、高血壓、高血脂、糖尿病「四大危險因子」有關，不是嗎？在實際情況中，這些關

係還有一些有趣又發人省思的例外。有些人可能具有部分或全部的危險因子，但並沒有罹患動脈硬化，也沒有心肌梗塞；相反地，有些人一個危險因子也沒有，卻死於嚴重動脈硬化或相關疾病。事實上，高達一半的心肌梗塞患者可能並沒有任一個典型的四大危險因子。最好的例子就是早衰症的孩子。這些孩子幾乎不具有任一個四大危險因子，但每個人幾乎都有嚴重的動脈硬化，最後大多死於心肌梗塞或腦中風。所以，沒有任何危險因子的他們怎麼會得到動脈硬化？

到底是怎麼回事？

這是否表示我們對疾病的認識是錯誤的？不，這只表示我們的認識是不完整的。例如，高膽固醇會直接造成膽固醇沉積在我們的動脈中，這個簡化的模型根本就不準確，所以很明顯的，一定有其他途徑會造成動脈硬化。動脈硬化與典型的危險因子相關，但還有一些更複雜的因素，若真如此，再加上資料支持，我們就會知道動脈硬化**實際上**怎樣形成，那麼我們還會將吸菸、高血壓、高血脂和糖尿病視為合理的四大危險因子嗎？

為了解危險因子與疾病的關係，如血清膽固醇和動脈硬化的關係，我們必須知道動脈壁細胞如何老化。我可以回想一下第二章和第五章的比喻，水面下藏有暗礁。在我們年輕的時候，這些危險因子的影響可能就藏在我們腳下。在吸菸的例子中，可能需要幾十年累積損害，但年輕細胞確實較有能力修復吸菸所造成的損害。隨著我們變老，端粒縮短，細胞功能降低，會變得較無能力自我修復，這就像是湖水水位下降，從前我們可以悠遊於湖面，如今卻開始觸礁。20 歲的時候，我們的細胞可以修復任何危險因子所造成的損害，但自中年以後，我們的修復速度再也跟不上菸草、高血壓、高血脂和糖尿病所造成的動脈損害。簡言之，隨著細胞老化，人體便開始累積損害。由於細胞不再正常運作，或更新的速率不夠快，動脈壁變得更硬、更容易破裂，膽固醇也開始

累積形成斑塊，最後導致血管失去功能。

即使我們囊括所有已知的危險因子：飲食、酒精、肥胖、缺乏運動、高半胱胺酸（homocysteine）濃度、個體膽固醇指數和比例、脂蛋白朊 E4、雌激素濃度、生育醇濃度、前趨血栓突變、單核球指數升高、C反應蛋白、骨髓過氧化酶（Myeloperoxidase）、壓力、牙科感染、其他細菌或病毒感染（如皰疹、巨細胞病毒、克沙奇病毒）、一般炎症生物標記物等，我們仍發現並非只有危險因子必須完全為動脈老化負責。所有危險因子都有作用，但也足以「隱藏」在年輕細胞的長端粒後面。

暗礁的比喻，特別適合用來解釋早衰症的孩子，他們的端粒在生命一開始就很短。他們動脈的細胞都已經老了，連最弱的危險因子都無法應付。雖然這些孩子不吸菸，沒有高血壓、糖尿病或高膽固醇，**卻有**老細胞，不能維持細胞外彈性或膠原蛋白，也不能替換失去的細胞。雖然膽固醇在血清的濃度正常，他們的血

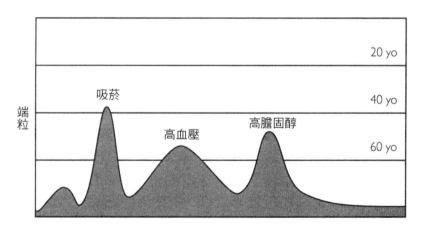

年輕的時候，我們的動脈細胞完全能夠修復一般危險因子造成的傷害。然而，由於縮短端粒使細胞老化，再也來不及修復損害並更換死細胞。就像在一個水位不斷下降的湖中，細胞損害會露出水面，我們很有可能「擱淺」，出現心肌梗塞或腦中風。

管卻會堆積膽固醇，迅速出現動脈粥樣硬化。

　　這些孩子經常在 10 歲前死於心肌梗塞和腦中風，但他們並沒有任何心血管危險因子，只是端粒短而已。

　　但有人具備常見的四大危險因子，卻沒有任何動脈硬化跡象，這種完全相反的情形也不是沒有。這些人不是端粒可能較長，就是幸運地擁有能夠減輕一般危險因子的基因。用我們的比喻來說，這就好比這些人的礁石很小，所以水位要下降夠多，礁石才會造成危害。

　　另一方面，面對不具備任何危險因子的早衰症兒童，我們導出了這樣的結論：四大或所有我們所知的危險因子，的確是動脈硬化的要件，但不能使我們完全認識這個疾病。為了防止動脈硬化，我們需要了解的不僅是幾個危險因子，還有動脈壁的細胞老化。

　　動脈壁具有若干分層，在身體周圍的小動脈中，這些分層的構造是較簡單也比較薄，會一直延伸到只有單層細胞的微血管壁。最內層的細胞稱為內皮細胞，會直接接觸血液中的毒素和其他物質並受到「剪應力」，因此隨著時間的推移會產生最大的傷害。剪應力就好像河岸受力最大處、侵蝕最嚴重的地方，動脈壁的剪應力最大位置是血管彎曲處以及動脈分支處，所以我們最容易喪失這些位置的細胞，這裡細胞的更新也最頻繁。因此我們不難想見其結果會是：內皮細胞端粒變短，隨老化功能明顯下降，無法正常運作。從高血壓、糖尿病患者以及吸菸者身上最容易看見毒素和剪應力造成的快速老化。無論情況如何，端粒長度損失和動脈疾病的發作之間都存在密切的相關性——只要看見動脈硬化，就表示內皮細胞的端粒是縮短的。

　　當內皮細胞功能開始失常，就會變得不太能維持下層細胞，特別是彈性蛋白和其他纖維。此外，內皮細胞彼此間也會開始有些分離，使毒素、病毒和細菌較易進入內皮下層。首先大致明顯

可見的改變是發生在循環系統，單核球和血小板會開始附著到內皮壁上，這個變化比內皮層內的變化還早出現。但由於內皮持續失去功能，結果造成內皮下層的發炎增加，巨噬細胞等其他免疫系統細胞都開始進入動脈壁，於是很快會出現傷痕，膽固醇也開始在傷痕組織位置堆積。膽固醇的堆積導致動脈壁突起，最後阻塞動脈，也由於病變可能會脫離組織形成凝塊，造成下游阻塞，因此風險隨之增加。

　　從內皮細胞老化開始到細胞的動態變化，大體上解釋了動脈硬化，至於介於內皮細胞和平滑肌之間的纖維層，以及外層的外膜纖維，我們也不能低估這些細胞的影響。老化細胞失去功能，無法維護動脈壁的彈性蛋白和膠原纖維，因此影響了動脈壁的彈性和韌性。青壯年人的主動脈等大血管具有彈性質地，血管可以在心臟收縮時伸展、舒張時恢復。血管的彈性會平衡壓力波的震盪，減輕大部分的剪應力，使內皮細胞不致受損。隨著年輕的動脈開始老化，失能的內皮細胞不再維護彈性蛋白，因此血壓變得

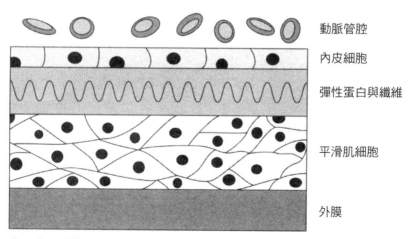

動脈管腔

內皮細胞

彈性蛋白與纖維

平滑肌細胞

外膜

動脈壁的結構：內皮細胞構成動脈管腔最內層，血液從此處流過。外膜纖維構成外層。

具有破壞性，使得內皮細胞更加快速衰退。

　　老化內皮細胞變化的程度混亂，它們失去了粒線體，產生了普遍性的惡化。內皮組織變得薄而不規則，有些位置的內皮細胞消失，再也不能作為屏障，變得無法穩定動脈血壓，對血管擴張素（身體用來控制血壓的物質）反應不良。因此不僅血壓變成大問題，周圍器官也開始失去血液的流動。

　　奇怪的是，儘管中層變化最為明顯，這種病理學的級聯反應卻不是由中層開始。在內皮下層的病理，包括脂肪斑、鈣化、膽固醇沉積、炎症、平滑肌增生、泡沫細胞等，無論是在時間或因果關係上，都屬於內皮細胞老化變化的次級變化。這種內皮細胞至內皮下層的級聯反應，也解釋了為何危險因子都不是絕對的。任何可能促進內皮細胞老化的進程，大體上都會觸發疾病，但除非內皮細胞失去端粒長度，否則任何危險因子都不必然會觸發疾病。我們傳統上對於動脈硬化的認識一直都是不完整的，動脈硬化並不是「高血脂導致心肌梗塞」（或糖尿病、吸菸、高血壓導致心肌梗塞），實際進程是更微妙複雜的。

　　另一方面，這種微妙複雜的級聯反應，本質上使得臨床介入性變得明確而簡單，只要**重新延長端粒**即可。無論動機多麼良好，若無介入性治療，不可能希望藉由尋找或多或少相關的危險因子如高血壓、吸菸等，來治癒或預防動脈疾病。但是，如果解決內皮細胞的端粒長度，我們就可以繞過或無視目前與動脈疾病關聯最常見的危險因子。細胞老化比任何其他危險因子更重要，已可見於動脈支架中用於阻止細胞分裂的反義核苷酸，結果能讓原本經常發生的再狹窄症不再出現，甚至對高脂肪飲食的人也有效。

　　在實驗室中，重置端粒長度已被證明可扭轉人類內皮細胞和組織老化相關的變化[1]。雖然有大量研究支持再延長端粒的生理有

1　Matsushita, S. et al. "eNOS Activity Is Reduced in Senescent Human Endothelial Cells."「eNOS 活性減少於衰老的人類內皮細胞」*Circulation Research*《循環研究》89 (2001): 793-98.

效性，但臨床研究尚未實際進入測試類似的介入性治療於病患身上。我們將會看到，臨床研究已指出可能的療效，我們現在也具有人體試驗的技術能力，可用藥劑重置內皮細胞的端粒。

　　包括動脈硬化和心肌梗塞，最有希望預防或治癒老化相關動脈疾病的單一方法，就是使人體動脈血管的內皮細胞端粒再延長。

心血管疾病：重點速覽

年齡：就算是年輕人也會出現動脈變化，特別是具有多種危險因子者（例如使用菸草和飲食風險），許多年輕成年人（尤其是在發達國家）甚至在 2、30 歲就出現動脈疾病。50 歲男性的動脈加速變化，女性的動脈硬化疾病一般較男性延後 10 年，但停經後會迅速追上。第一次發生心肌梗塞的年齡最常見於 55 到 65 歲，致命性高。65 歲以後的風險仍然很高，而且死亡率會穩步上升。

費用：冠狀動脈粥樣硬化是美國住院病人入院原因中最昂貴的單一項目。年度費用開銷超過 100 億[1]。

診斷：心肌梗塞診斷可能是臨床性的，但是若狀況不至於致命，可透過心電圖變化、血液酶濃度變化，或例如冠狀動脈分析的放射性方法偵測。動脈疾病本身的診斷一般是透過放射科分析，如動脈血管攝影。

治療：在預防上一般強調運動、飲食和戒菸。治療方式包括藥物和手術的介入性措施。目前最常用的是 statin 他汀類藥物，然而所謂降膽固醇劑（niacin 菸鹼酸）等其他藥物仍有其作用。手術方法包括冠狀動脈繞道及支架手術。

1　https://www.hcup-us.ahrq.gov/reports/statbriefs/sb168-Hospital-Costs-United-States-2011.jsp

頸動脈疾病

心肌梗塞使我們恐懼，但腦中風威脅更甚。腦中風不僅會使我們突然死亡，而且我們會發現，自己的大腦原來是個叛徒。我們較能接受心肌梗塞所帶來的限制，而不能接受腦中風的後果，導致我們失去部分或全部腿部功能，或是手部功能，甚至說話功能。我們再也不能走路、奔跑、舞蹈、寫作、玩樂器、烹飪，或告訴別人我們在想什麼。未經警告，也沒有憐憫，我們一部分的人性就輕易被抹去。我們在發病之前擔心發病的可能性，發病之後的實際情況則使我們害怕。

在大部分層面上，頸動脈疾病屬於前面描述過的動脈疾病中的一部分，主要差別在於發病位置和結果。併發症與腦相關，最重要的併發症是腦血管病變（CVA），簡稱腦中風。

腦中風發生在血液供應大腦中斷的位置，有的是由於血塊（血栓性）阻塞，有的是因為動脈出血（出血性腦中風，又稱腦溢血）。血栓性中風可透過分解阻塞來進行治療，例如使用血栓溶解劑溶解血塊。然而出血性血塊，不論是就藥物或手術兩者來說，都很少有適合的治療方式。

無論是致病原因或長期癒後問題，兩種腦中風所需的立即問題處理都是完全一樣的：部分大腦失去血液供應，不能再運作。急性症狀包括無法移動、無法說話、無法了解語言、看不見，有時會致命。由於大腦兩半球大部分具有獨立的血液供應，因此在大多情況下，症狀會局限於某一半，例如無法移動身體某側的肢體。若患者無創傷史，一側腿或手臂麻痺癱瘓時，則可能是患有急性腦中風，或進而是罹患其他疾病。

腦中風的動脈病理恰好與心肌梗塞完全相同。兩者動脈壁顯示的特殊變化，都是源於內皮細胞老化所產生的相關變化，這些

變化是由於已知的危險因子，以及動脈壁細胞的修復速度跟不上損害所致。

腦中風：重點速覽

年齡：腦中風可發生於任何年齡，但約有 75% 首度發生於 65 歲以後，之後每多 10 年發病率增加一倍[1]。除卻年齡，最主要的單一危險因子是高血壓，緊隨其後的則是前次腦中風史、糖尿病、高血脂、吸菸、心房纖維顫動、高凝血等。

統計：[2]腦中風是美國第三大死因，全球第二大死因，為重要長期殘障主因。僅美國的花費便為每年約 400 億美金。

診斷：初步診斷幾乎都是臨床，然而偶爾會被誤診為其他病因。診斷幾乎都以電腦掃描（CT）或核磁共振攝影（MRI）來評估是否有出血（出血性腦中風）以及涉及的大腦面積。

治療：控制高血壓、戒菸和控制心房纖維顫動（或抗凝血藥物）是一般主要的預防方法。血栓性腦中風可立即以溶血栓劑加以治療，較少進行神經外科處置，但腦中風並無普遍有效的療法。一旦大腦神經元死亡，就會造成永久損害，無法恢復，目前的標準照護為控制危險因子（避免未來再度發生）以及腦中風復健。控制高血壓、使用抗血小板藥物、他汀類藥物、抗凝血藥物，通常可降低風險。另有少用的頸動脈內膜切除術。

1　http://www.strokecenter.org/patients/about-stroke/stroke-statistics/
2　同註 1。

高血壓

　　血壓往往會隨老化而升高，部分原因如前所述，是動脈壁本身變化的結果。但其他身體老化也會導致有高血壓，例如：腎臟（為調節血壓的重要器官）、內分泌系統、心臟、大腦等。一般測量血壓時測的是收縮壓和舒張壓兩種。收縮壓是血液循環「開始」時心臟收縮的壓力，會對壓力、煩惱、身體姿勢等因素產生反應，較不穩定。舒張壓是血液循環「結束」時血液流回心臟的壓力，較無變化，受暫時性因素的影響也小。雖然有些高血壓與老化關係並不那麼緊密，但大多數臨床上的高血壓都與老化的變化緊緊相關。

　　高血壓不僅會造成心臟的工作增多，還會使動脈損傷、腎損傷、動脈瘤形成或破裂，以及增加罹患腦溢血的風險。雖然我們仍不確定實際形成老化相關的高血壓原因，但有越來越多資料顯示[2]，關鍵在於小動脈窄化與微血管床縮小，造成周圍阻力增加，這是內皮細胞功能失常的結果，與其他一般動脈疾病的原因相同。大動脈血管內皮細胞老化，造成動脈壁累積損傷（動脈粥樣硬化）。這樣會導致小動脈窄化，小血管和微血管也會減少。

　　高血壓升高並不會增加末端器官的血流量，這與我們的一般認知似乎相反。事實上，大血管的高血壓會在中端器官造成低血壓。在高血壓的情況下，最小的血管不是窄化（如小動脈血管）就是消失（如微血管）。結果病人到醫院看病的時候會發現，儘管血液離開心臟時是高血壓，但末端器官卻沒有得到足夠的血液，因此功能開始衰退。

2　Fossel, M. *Cells, Aging, and Human Disease*.《細胞、老化與人類疾病》Oxford University Press (牛津大學出版), 2004 (見第九章).

　　更糟糕的是，在某些案例中，身體的反應會使問題變得更嚴重。以腎臟為例，腎臟有調整全身血壓的功能。隨著高血壓病程進展，腎細胞實際上的灌流降低，為了提高灌流，腎臟就會增加全身血壓來反應。從長遠來看，很不幸，增加血壓只會促使動脈和微血管內壁的內皮細胞老化，造成小動脈窄化和微血管減少，而這又反過來促使血壓進一步升高，變成惡性循環，導致腎衰竭、心肌梗塞、腦中風、動脈瘤及其他各種臨床慘劇。

充血性心臟衰竭

　　充血性心臟衰竭（CHF）是各種原因導致的綜合性疾病。在大部分案例中，老化都是常見症狀背後的真正原因。充血性心臟衰竭可以合理地歸咎於心臟喪失功能。我們一般將心臟分為左半部或右半部，不過左右區分有些簡化。左邊心臟接收從肺部回流的血液，然後將血液打到身體其他部分；右邊接收身體回流的血液，再打到肺部。無論左右，心臟衰竭的一個主要觸發原因是心肌梗塞，由於心臟部分壞死，結果造成心肌不再能夠有效運作。

　　充血性心臟衰竭約有四分之三可歸咎於細胞老化，包括心肌梗塞和高血壓所造成的充血性心臟衰竭，但有些案例則由吸菸、病毒感染、心臟瓣膜疾病等其他原因造成，這些都與細胞老化無關，即使相關也只是間接造成。

老化的神經系統疾病

　　許多神經系統疾病都與老化相關，其中最著名的就是阿茲海默症，或稱腦退化症，而帕金森氏症也是眾所周知令人擔憂的疾病。還有許多其他與老化相關的疾病和病況，包括運動協調喪失、反射功能不良、老化相關的睡眠障礙等。這些疾病和病況早已有

獨立的定義，一般認為具有不同的病理，然而卻有越來越多人認為，這些都是由相同原因所導致的系列疾病。帕金森氏症主要發病處是中腦的黑質組織，而阿茲海默症的發病處主要是在大腦皮質與皮質下區域，其他位置也很多。然而無論影響大腦哪些部分，這些神經系統疾病的細胞死亡原因可能大致相同。

　　儘管如此，我們仍將阿茲海默症和帕金森氏症分開個別討論。

阿茲海默症

> 哦心靈，心靈有崇山峻嶺；令人恐懼墜落的
> 懸崖，陡峭、無人曾探及。輕視他們的人
> 願他們永不會懸在那裡。我們短暫的時限
> 也不能長久對付那樣的險峻或深邃。
>
> ——英國詩人霍普金斯（Hopkins）

　　在所有老化疾病中，阿茲海默症最可怕。

　　阿茲海默症好比夜晚的小偷，偷走我們的靈魂，只留下軀殼。許多老化疾病可能會殺死我們，其他疾病限制我們的行為，但阿茲海默症限制的是我們的思考，剝奪我們的內在自我，我們的心靈、智慧、靈魂，帶走了我們成為自我的能力。世界上每個文學作品都有描述黑暗力量的故事，故事裡有魔鬼、詛咒、黑魔法、催狂魔，剝奪了人類的靈魂，只留下傀儡、殭屍、軀殼。這就是阿茲海默症的可怕現實。

　　許多聽過端粒卻不懂病理學的人，認為細胞老化並不會造成阿茲海默症。這些人天真地爭論，由於神經元（一般情況下）不會分裂，端粒就不會隨年齡增長而縮短，所以細胞老化不可能是導致阿茲海默症的真正原因。然而就像心臟疾病一樣，這個論點是沒有意義的。

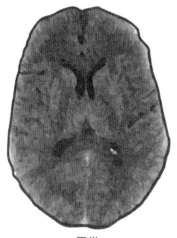
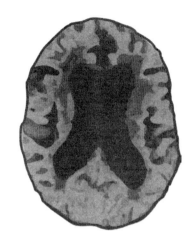

正常　　　　　　　　　　　阿茲海默症

正常大腦與阿茲海默症大腦的橫切面。

　　或許神經元不會直接老化，但神經元賴以生存的細胞卻會老化。例如大腦的微膠細胞就會老化，造成「無辜的旁觀者」神經元失去支持，結果產生阿茲海默症。

　　一些科學家和醫師認為，阿茲海默症的病理要比動脈硬化更複雜。在阿茲海默症中，我們需要了解乙型類澱粉蛋白和tau蛋白對於癡呆的作用。這兩種蛋白質的確在疾病中扮演了「邪惡爪牙」的角色，但真正指揮背後突襲的卻是微膠細胞。微膠細胞會老化，並且是造成神經元死亡極為重要的主角。

　　神經膠細胞占大腦所有細胞約 90％，微膠細胞占所有神經膠細胞約 10％，微膠細胞大多分布在神經元附近。微膠細胞就像是神經系統的「移民」。從本質上講，免疫細胞基本上是從血流進入大腦，然後停駐在神經元周圍。等到受損傷或感染而活化時，就會轉變成巨噬細胞並分裂，以試圖解決問題。經過多次分裂，端粒會縮短，免疫細胞就會失去功能。這是開始發展成阿茲海默症的第一步。

這些老化的微膠細胞會變得越來越無法維護神經元，特別是乙型類澱粉蛋白的生產和替換。微膠細胞變「活躍」，形狀和功能也改變了，變得越來越容易發炎，因此加速損壞。於是微膠細胞和神經元一起開始產生乙型類澱粉蛋白寡聚體，分子短而有損傷，對神經元也具有毒性。隨著損傷擴大，我們也開始看見較大的乙型類澱粉蛋白斑塊堆積。隨著神經元受制於擴大的損害，維持軸突讓神經元之間傳遞訊號的tau蛋白關鍵分子接著會累積在神經元本體。最後產生發炎、微膠細胞衰竭、乙型類澱粉蛋白毒性、tau蛋白質纏結，這一切都使得神經元失去對損害的耐受力，於是開始死亡。

阿茲海默症的進展很快。起先我們忘記鑰匙，然後是親人的名字，最後連我們自己都給忘了。

儘管人們越來越認識到，動脈老化對於阿茲海默症具有影響，至少兩者相關，但大多數研究人員還是把焦點放在神經細胞。由於視野狹隘，他們不僅忽略了動脈的變化，也無視其他結構如血腦屏障，或其他類型細胞如神經膠細胞。就歷史而言，這種狹隘視野是可以理解的。最明顯的組織學變化可見於大腦皮質的神經細胞，而這些細胞主要參與我們認知能力的運作。此外，我們早已知道，由於乙型類澱粉蛋白在神經周圍累積，以及tau蛋白在神經元內部累積，最終造成了神經的死亡。不幸的是，這種過於明顯的觀察結果，僅藉由對準兩個目標——乙型類澱粉蛋白和tau蛋白——來治療或預防阿茲海默症，結果卻導致無數昂貴的失敗嘗試一再重複發生。

我們可以預期臨床試驗的結果是令人沮喪的：一切無效。經過 1600 場次以上的臨床試驗，目前還有近 500 場次仍在進行中。雖然其中一些試驗主要是為了緩解症狀（如乙醯膽鹼酯酶抑製劑的施用），許多都是企圖改變病理本身的過程，希望能藉此減緩甚至阻止病情的進展。很多這些試驗的目標都對準乙型類澱粉蛋

白和 tau 蛋白兩者，這是可以理解的，因為乙型類澱粉蛋白和 tau 蛋白兩者都是微觀病理學中最突出的部分，視之為焦點是合理的。例如，乙型類澱粉蛋白對神經功能很重要，但大量則具有毒性，而在阿茲海默症患者大腦中，這種蛋白便堆積在垂死的神經周圍。tau 蛋白對於神經內部結構同樣是不可或缺的，但在阿茲海默症患者大腦中，tau 蛋白也纏結在相同的垂死神經元中。在治療試驗中，這兩種蛋白都是合理的候選目標。只是很不幸，使用這兩種蛋白直接進行介入性治療時，並沒有證據顯示有任何治療效果，這表示，乙型類澱粉蛋白和 tau 蛋白**可能是疾病的果**而不是因。

　　打一個比方。糖尿病患是身體不能製造足夠的胰島素，使細胞無法有效利用血糖，所以血糖濃度攀升。與此同時，由於細胞

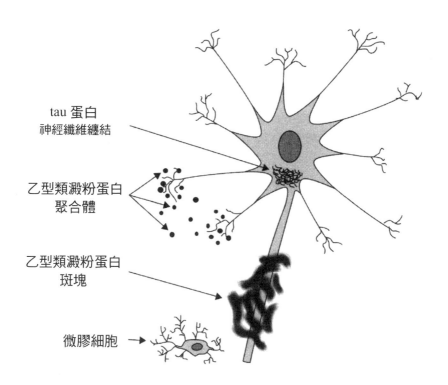

無法從糖得到能量，所以細胞會開始燃燒脂肪來代替。不幸的是，結果會造成細胞產生不需要的酸送入血液。在 20 世紀中期，如果血酸超過危險程度，公認良好的醫療方式是靜脈注射碳酸氫鈉。不過這樣做不僅沒有幫助，實際上還會造成更多併發症。糖尿病的問題在於，升高的血酸**並不是原因**而是結果。我們後來才知道，正確的介入性治療方式不在於治療高血酸，而是治療高血糖。治療了高血糖，就不會有令人煩惱的多餘血酸。

就阿茲海默症來說，我們依然付出相當的努力和鉅額資金在治療結果而不是病因，使得這些令人沮喪的失敗已成為常態。我們注意的是「下游」的結果，而非「上游」的病因。在現實中，阿茲海默症像許多疾病一樣，不是單一的病變，而是病變的級聯反應，但我們卻不斷在級聯末端尋找預防和治療辦法，其實源頭才是我們真正應該努力的地方。

所以真正的問題是：病因是什麼？病理學上發生了什麼級聯反應才會導致阿茲海默症？最重要的是，哪裡才是介入治療最有效的點位？

微膠細胞的損傷和活化的真正觸發原因仍然未知。有跡象顯示，一些病毒等微生物可能會導致微膠細胞感染，觸發微膠細胞產生免疫反應，進而產生分裂。由於微膠細胞屬於免疫系統的一部分，類似巨噬細胞侵入冠狀動脈的內皮下層，因此這個假設可能是合理的。此外，經重複研究，認為許多抗生素如：四環黴素等，可能有助延緩或舒緩阿茲海默症，但並無研究顯示其具有顯著益處或普遍認可。簡言之，儘管微生物感染是一種可能性，我們卻根本不知道為什麼微膠細胞會活化分裂。

我們只知道，微膠細胞活化是出現在其他所有可見病變之前，我們也知道，微膠細胞端粒縮短，是發生在乙型類澱粉蛋白沉積或 tau 蛋白在受影響的神經元中纏結之前。簡言之，端粒縮短和細胞老化發生在其他變化之前。在病理級聯反應中，這當然表示微

膠細胞老化處於「上游」，位於乙型類澱粉蛋白和tau蛋白之前，但我們仍可以爭論細胞老化在病理上是否必要（即「病因」），或只是主要病理的副作用之一。儘管這樣的觀點很合理，在邏輯上卻強烈支持細胞老化為疾病的中心，也就是微膠細胞老化「導致」阿茲海默症癡呆。所有資料都排列得很整齊，完全沒有矛盾。不僅冠狀動脈等其他系統也會發生相同的病理基本級聯，細胞功能的變化也清楚解釋了乙型類澱粉蛋白和 tau 蛋白堆積的原因。

最重要的問題仍在於介入性治療。假設微膠細胞老化引發病理級聯反應，導致阿茲海默症癡呆，我們應在何處介入？我們可以嘗試預防假設性的感染，但我們甚至不知道是否有這樣的感染，更不用說該如何有效預防或治療。而且，一旦微膠細胞老化，功能失調，就沒有任何抗生素（即使是對症下藥）可以停止病理的發展。同樣的，一旦這些細胞功能紊亂，很難想像我們該如何找到治療藥物，來移除乙型類澱粉蛋白並分解tau蛋白纏結，同時仍保有神經元原本的健康，也剛好留下足夠的乙型類澱粉蛋白tau蛋白（位於正確位置）提供神經元所需。無論我們嘗試從何處介入，微膠細胞都會站在完全損壞的十字路口上。阿茲海默症最有希望的治療目標就是微膠細胞，微膠細胞中最有效的目標就是端粒，因為端粒控制著細胞的老化。

阿茲海默症：重點速覽

年齡：大多數阿茲海默症的發病可能始於中年，但腦細胞的變化微弱，要 10 或 20 年後才會確診。早在第一個神經元死亡很久以前，病理早已發生雪崩式爆發，我們開始看到最細微的認知病徵。初步臨床診斷通常是在 65 歲以後，也有人早於 65 歲。阿茲海默症一律會致命。從確診到死亡，平均時間大約 7

年[1]。遺傳風險僅占一小部分的比例，特別是家族性阿茲海默症，主要風險還是年齡。曾有許多聲明反覆宣稱各種可能引起阿茲海默症的物質，如鋁製鍋具或穀類食物，但這些意見很少有資料支持。

統計：阿茲海默症的發病率並無統一的估計數字，但在發達國家中較為頻繁，這是因為有優良的醫療保健系統，而且也有較多人活得夠久，才能在有生之年得到這種疾病。但是，即使在發達國家，阿茲海默症的統計資料依然是被低估的，因為死亡原因往往是最直接相關的原因（如肺炎）。目前估計全球有超過2千5百萬人罹患阿茲海默症，發病率隨平均壽命升高。

費用：阿茲海默症被認為是與老化相關最昂貴的疾病，主要是由於護理和支持性治療。美國估計每年花費超過1000億[2]。

遺傳風險：阿茲海默症最為人所知的相關基因是 ApoE4 基因，這是三種脂蛋白之一，常見於大腦星狀神經膠細胞和神經元中。 ApoE 對於運送脂質（如脂蛋白、脂溶性維生素、膽固醇）和在神經元損傷反應都很重要。大多數人都具有與阿茲海默症較無關的 ApoE2 基因（約 7% 人口）或 ApoE3（79%），這些基因會形成 ApoE，然而具有 ApoE4 基因（14%）的人，較有可能罹患阿茲海默症，甚至年輕的時候就發作[3]。還有人具有兩個 ApoE4 基因，比一般沒有 ApoE4 基因的人風險更大（約為 10 到 30 倍[4]。）。儘管如此，ApoE4 基因的存在，並不會自動導致阿茲海默症，也不是引發阿茲海默症的「病因」。

診斷：初步診斷一般是源於病人或家屬擔憂記憶力和智力減退，或其他行為的變化。近來的診斷主要是根據臨床檢查和神經心理衡鑑，但現在有較客觀的技術進入臨床運用，包括實驗室血液或腦脊液檢驗、放射線分析、眼科檢驗角膜或視網膜的微細生化變化等。

　　治療：目前沒有預防、治療或扭轉疾病的方法，也無法可以停止或減緩病程進展。已施用的數種藥物（或偶爾使用）並無實際效用，僅因醫師和患者在無計可施的絕望下嘗試任何可能的治療，此類藥物包括乙醯膽鹼酯酶抑製劑、NMDA 受器拮抗劑、雌激素、乙型類澱粉蛋白和ω-3 脂肪酸的單株抗體等。若干研究表明，維生素E（生育酚）可減緩阿茲海默症的發作，但有其他研究則提出異議。

1　http://www.sevencounties.org/poc/view_doc.php?type=doc&id=3249&cn=231
2　https://www.ncbi.nlm.nih.gov/pubmed/9543467?dopt=Abstract
3　http://jama.jamanetwork.com/article.aspx?articleid=418446
4　http://www.alzdiscovery.org/cognitive-vitality/what-apoe-means-for-your-health

　　如果我們想要預防並治療阿茲海默症，最有效的介入點就是微膠細胞的端粒。微膠細胞端粒是在病理學上縮小範圍的觀點，是我們最有可能在這個點位上，防止發生下游產生衰退的級聯作用，以保護人類生命。

　　如果我們想要治療阿茲海默症就要重新延長端粒。

帕金森氏症

　　阿茲海默症主要是認知功能的疾病，而帕金森氏症主要是運動神經元功能的疾病。帕金森的特徵包括異常步態、顫抖、僵硬、無法開始或停止行走、手指出現「搓揉」動作、語言問題，林林總總的狀況組合在一起，顯示出了肌肉控制和協調方面的問題。

　　然而，帕金森氏症與阿茲海默症之間有許多相似之處，兩者幾乎可被視為呈現在大腦兩個不同位置的同一類型疾病。阿茲海

默症攻擊的是大腦皮質的神經元，特別是前腦，而帕金森氏症則侵襲中腦的神經元，特別是黑質和尾核。不過這樣說過於簡化，帕金森氏症對大腦的影響範圍廣闊，而兩種疾病在臨床上的影響，尤其是癡呆症狀和其他認知上的變化，基本上是重疊的。其中一個關鍵的不同處在於，阿茲海默症是乙型類澱粉蛋白和tau蛋白堆積，而帕金森氏症則是α突觸核蛋白（α-Synuclein）堆積。

總體而言，阿茲海默症與帕金森氏症的根本相似性很顯著。兩者的神經膠細胞（尤其是微膠細胞）明顯在病理學上具有引發和促進病程的作用。在帕金森氏症中，微膠細胞與星狀神經膠細胞在病理上喪失了早期功能。阿茲海默症患者的神經元中，tau蛋白堆積形成tau蛋白纏結，而帕金森氏症患者的神經元中有α-突觸核蛋白堆積，形成路易氏體。

帕金森氏症 重點速覽

年齡：帕金森氏症顯然與老化相關，平均發病年齡在 60 歲，但幾乎任何年齡都會發病。引起發病的危險因子有各種各樣，包括接觸殺蟲劑和除草劑，頭部受傷等。一般認為其不是遺傳性疾病，但確實具有遺傳傾向，目前已將之定義為受到突變次數的影響。然而，帕金森氏症的發病率和嚴重程度，會隨著年齡而增加。

費用：花費一如其他疾病難以歸納，但估計美國每年約 2500 億美金[1]，主要是病人的看護費用及其他間接成本等。

診斷：大部分帕金森氏症患者的初步診斷是根據病史和身體檢查。缺乏解剖證據，確認困難，因為並不具有簡單的實驗室或放射線測試可確認診斷，然而實驗室檢驗可用於排除替代性診斷。因此醫療試驗往往被認為在治療和診斷上都有幫助。

治療：由於帕金森氏症主要特徵是失去會產生多巴胺的神

經元，治療上大多數側重於藥物——給予左旋多巴和多巴胺催動劑（levodopa and dopamine agonists）——以使多巴胺在大腦剩餘作用的神經元中能夠增加效應。不幸的是，這些藥物不僅有顯著的副作用，隨著病情的進展以及腦細胞逐漸死亡，藥物也會失去功效。在這種情況下，越來越多人考慮進行神經外科、腦部刺激、細胞移植（例如幹細胞）等。

---

1 http://www.pdf.org/en/parkinson_statistics

　　在兩種疾病中，病理（蛋白質堆積異常）開始於神經元，此時病人在臨床上仍然正常。等到出現臨床症狀，表示神經元已大量死亡。在病理學上，僅限中腦神經元（黑質）症狀大多為運動性，但病理也出現在大腦皮層，症狀包括類似阿茲海默症的癡呆。正如阿茲海默症，帕金森氏症的神經膠喪失支持功能，導致神經元喪失功能。這些細胞的胞器出現功能喪失，包括粒線體、核糖體、蛋白酶體和溶酶體。神經元需要健康的神經膠細胞，若神經膠細胞衰退，神經元也會跟著衰退。

第七章

X

減緩老化

等待端粒酶

或許我們明天便能扭轉老化,但今天我們能做什麼呢?幫助可能會以治療的形式姍姍而來,藉由重新延長端粒,重置基因表現,從而停止和扭轉老化。未來 10 年,我們將可能實現像這樣的治療。

但是讀這本書的各位,可能有父母、兄弟姊妹、親朋好友已經罹患老化相關疾病,各位自己即使目前沒有受這些疾病折磨,未來也肯定會遇見。即使未來數年我們可以治好或預防阿茲海默症以及心臟疾病,但我們要怎樣才能活到那個時候呢?我們應該吃些什麼不一樣的食物?市面上是否已經有產品可以保護人們免於疾病?我們現在能為自己和所愛的人做些什麼?

身為一名醫師,我所關心的完全是實用而非學術性的東西。對我來說,當談到老化疾病甚至是衰老,問題不在於老化的運作,而是**我們能對老化做些什麼?**我想要知道**介入性治療的最有效點位**。除非我們能夠在人體試驗證明這個點位,在此之前,我們都需要知道現在能做什麼。

一個世紀前,人們也對小兒麻痺症提出同樣的問題:如果我們不能真正治好小兒麻痺症,我們能做些什麼來預防呢?就像我

們現在擔心阿茲海默症的花費一樣，一個世紀以前，家長擔心小兒麻痺孩子的照護費用。直到沙克（Jonas Salk）研發出世上第一個有效的小兒麻痺疫苗以前，人們都沒有辦法抵抗這種疾病。就像除非我們可以有效重新延長端粒，否則並沒有辦法抵抗老化。但這並不代表我們就不能選擇合理的生活方式以存活下來並保持健康。沒有飲食或運動療法可以停止或扭轉老化，但在端粒能夠進行再延長之前，想要優化健康、減緩老化疾病發生，飲食和運動仍然是我們最好的選擇。

當人們問我，想要過長壽生活，現在應該要做什麼？我會告訴他們，應該要更遵從醫師或祖母的叮囑，而且祖母的叮囑比較便宜。然而身為人類，不管醫師對日常生活的指導多麼正確，我們都很少遵從。如果想過長壽健康的生活，就要吃得好、多運動、繫安全帶，不要惹路人生氣（我們永遠不會知道誰有帶武器）。不幸的是，人們比較喜歡刺激性的建議，最好是神奇食物或嶄新的運動方式。事實上沒有一樣食物、運動、營養補充品，或是靜坐冥想等方式可以停止老化，但我們的確可以做幾件事來讓我們可以保持較長久的健康。

最後，在我們試圖尋找更有效的介入性治療之前，市面上至少有一種有效的產品，目前在一定程度上可能實際扭轉或延緩老化進程，那就是端粒酶活化劑。

為了誰的利益？

關於飲食和運動，總有各式各樣的建議，但大多建議都是錯的。

有些建議可以從幾點明顯看出是錯的，例如，給各位建議的團體是否賺太多錢？所建議的事物是否花費太多廣告宣傳費用？這些建議很可能對各位並沒有那麼多好處。對我們有好處的建議

通常很普通、便宜、無聊。行銷人員都知道，醋可以防止頭皮屑，但醋不能一瓶賣 1 千元，所以如果想要賺很多錢，就要賣「特殊配方」洗髮精。

　　流行時尚風潮也大致用同樣的手法去推動大多數人的行為，尤其是在營養補充品和飲食方面。從 100 年前開始，想要推銷**新的、改版的、革命性的**產品，就已經比推銷一般人普遍使用的產品要容易得多（即使現有產品已經有效又健康）。相信節食書籍或食譜出版商或作者都很清楚這種情形，關於食品飲食建議潮流尤其如此。飲食行銷重點不在於有沒有效，而是新不新穎，有沒有奇妙的吸引力，或現下名人是否正在使用。

　　所以燕麥片很難賣，性感魅力很好賣。

　　另一方面，如果我們能提出一套說法，證明我們的產品具有古老歷史淵源，最好是從史前時代就開始，什麼哥倫布之前的秘魯或舊石器時代的飲食，那麼我們就可以成功推銷自己的產品好幾年。然後人們會轉移目標到下一個「自然」飲食或穀物。我們傾向於相信遙遠過去的什麼「古早簡單時代」，對於 18 世紀法國哲學家盧梭所說的自然狀態興起某種運動，而不顧這些懷舊觀所可能有的錯誤甚至會帶來危險。遙遠的過去對於優化個人健康來說，在任何方面都不是可靠的指南。如果各位覺得懷疑，請自問：在一百、一千或一萬年前，人們的壽命比現在還要長嗎？相較於盧梭，或許各位可以好好考慮托馬斯・霍布斯（Thomas Hobbes，16 世紀英國著名政治哲學家）描述人類在自然狀態下的生活：「窮困、骯髒、野蠻、**短命**」（我加粗，原著沒有）。這就像看著山洞來設計新家。的確，山洞風景如畫，當然也是人類的遺產，但絕不是什麼可以保持溫暖、乾燥的好地方，也無法讓我們免於疾病威脅。

　　事實上，無論古老淵源或最新「發現」，無論價格高低，都不能保證效果或信譽。我們應該要合理懷疑廣告中昂貴的產品，

並且對於**自然、樸實、綠色**等過於簡化的宣傳標語同樣抱持懷疑態度。真相往往難以被證實，也沒有多少指示會比經驗更可靠。在科學上也是一樣的，如果想要得到真相，猜測沒什麼用，邏輯往往很可靠，但最好的永遠是資料。

我還要提出一個警告。

幾十年來，身為一位執業醫師和醫學系教授，我給出了無數的醫療建議，但我發現，不是每個人都會接受。關於這一點，我還能釋懷。因為我的工作並不是要強迫人們改變生活，而是提供我所能提出最好的建議，然後讓病人自己選擇。我這麼做是基於兩個原因。首先，我們是一個自由國家（或多或少啦），人們有權利自己做決定，而不是讓**別人**（包括醫師）來為他們做決定。第二，我不可能百分之百完全正確，人們有一種可悲的傾向，大多數時候都是對的人，總以為自己永遠都是對的，但這是錯的，沒有人永遠是對的。

不要全面採納別人的建議，總要保留一些懷疑。尤其是飲食方面的建議。

我從未命令病人做些什麼，甚至不要求他們戒菸。我會給予他們建議，也會解說風險，我更表示可以幫助他們戒菸。然而，對於那些前來尋求幫助的人們，對於他們的生活和選擇，我從來不認為我的職業具有控制權（更不用說義務）。有人可能會說，我的工作就是要讓吸菸者感到有罪。但醫師的職責是顧問，而不是獨裁者，是要向各位提出醫療建議，指引各位選擇最佳健康狀態的路徑。我可以建議路徑，提供地圖，祝各位好運，但選擇權在各位。

本章一開始將介紹與端粒話題無直接相關的生活方式。接著我們來看看幾種生活方式，這些生活式或許真的會影響端粒與老化，或許只是宣稱有相關影響。本章最後將介紹關於避免生病以及健康生活已經在實驗室中所獲得的成果。

懸崖

　　想像一下，有一座懸崖，坡度呈拋物線狀。拋物線頂端平坦，往下逐漸陡峭起來，最後近乎垂直。我們在生命開始的時候，距離懸崖很遠，年輕又健康，走起路來很容易，幾乎沒有坡度。然後坡度開始變得有點陡，我們初次看見老化發生。隨著我們越走越遠，變得越來越難停止，甚至雙腳都快要碰不到地面。避免生病似乎是不可能的，保持健康占用了我們很多時間、精力和努力。最後，坡度太陡，我們發現自己滾下坡，變成自由落體，終究進入疾病和死亡。

　　這個比喻令人感到不甚愉快，但有它的用途。

　　一方面，如果我們想要過著比較健康的生活，這個比喻是很有用的。例如，如果我們正在緩緩下坡中，徹底改變飲食——吃

懸崖

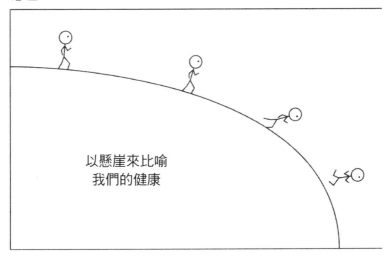

以懸崖來比喻
我們的健康

得最好、最健康，是人類所能想像最理想的飲食——會發生什麼事？這樣是否可以延緩我們的老化，停止衰退，或甚至可以幫助我們重新回到懸崖頂端？我們是否可以延緩、停止或扭轉老化和疾病的進展？

縱觀人類歷史，這個懸崖拋物線從來都是向下，沒有例外，不可能扭轉。從歷史的角度而言，我們當然治癒了許多疾病（最好的例子就是感染症），但是對於老化和老化所導致的疾病，我們卻從來沒辦法做些什麼來停止它，更別說要扭轉。另一方面，並沒有任何介入性治療能夠合理地宣稱具有**延緩老化進程**的能力。

有效的介入性措施	
促進老化	紫外線照射、吸菸、壓力、感染、疾病、不良基因
延緩衰老	良好的飲食習慣、運動、免疫、良好基因
停止老化	沒有
扭轉老化	沒有

更準確地說，**或許在 2006 年之前**，從未有過任何一個已知的介入性醫療方式，可以輾轉解釋為具有停止或扭轉人類老化的可能性。然而經過爭論，我們卻有許多介入性方式可以合理地促進或減緩老化進程。具體來說，由臨床檢查、實驗室數值、疾病發生和進展、死亡平均年齡等來看，我們知道有些行為或危險因子（如基因）會促進老化。同樣地，我們知道有些行為或其他因子（如基因）似乎具有相反的效果，可減緩老化速度以及老化疾病的發病和進展。

但以上無論是促進或減緩老化進程的行為和因子，都沒有特別了不起或很難懂。相反地，每一種方式幾乎毫無例外，在醫療上都是最基本、簡單而恆久的。說穿了，幾乎沒有例外，每個建議都是各位的祖母或醫師會向各位建議的，但是我們卻完全不顧，或充其量只做一部分。說句公道話，建議往往很難做、令人尷尬、

痛苦、難吃、耗費時間等。包括吃蔬菜、少攝取熱量、少吃糖和脂肪（或所有其他好吃的東西），還要保持運動習慣、用防曬霜、洗手等，所有這些都是從我們傳統智慧以及好意所累積的文化。我們都知道規則，卻只有少數人會遵守或相信。

我們無法改變遺傳基因，但有許多方式（大都很普通）可以讓我們減緩或促進老化進程和疾病風險。從這些限制並不大的方法就可以減緩或促進老化進程來看，其中並沒有什麼原創或令人震驚之處。

然而，想要停止或扭轉老化卻**完全不同**。

儘管市面產品一再聲稱可以停止或扭轉老化，但沒有一項產品有效。目前市面產品包括食品、營養補充劑、飲食、面霜和宣稱可以停止或扭轉老化的運動法，但沒有一種產品值得相信。他們的說法都不是真的，**全部都一樣**。市面上沒有任何一項產品可以停止或扭轉老化。幾乎沒有。

不過，就上述我對市面上無抗衰老產品的評論，至少有兩項例外。雖然功效微弱，但仍值得探討。其中最重要的是端粒酶活化劑，這項產品直指核心，需要謹慎思考，我將在本章後面討論。

第二兩項例外是，雖然一些醫學介入性治療在事實上可能無法真正扭轉老化，但從有趣的資料看來，至少可扭轉老化相關疾病中的一些重要病症，如動脈硬化。這些介入性治療一般並無宣稱可以扭轉老化，也不可能真正有效，但只要能幫助我們避免老化相關疾病，仍具有相當的價值。這些介入性治療可以扭轉一些老化相關動脈疾病進程中明顯可見的變化，雖然不能重置端粒長度或讓內皮細胞變得更具功能（或變得更年輕），但只要能夠扭轉疾病進程，降低死亡風險，就已經算是引人注目的成就。

一堆所謂的介入性治療（和商業產品）都聲稱可以扭轉老化，它們的效用（就算有那麼一些些）也並不是真的可以扭轉老化，而是減緩老化速率和疾病進程。奇怪的是，這種介入性治療所減

緩老化的速率，和不做不健康事物的人是一樣的。許多患者，尤其是吸菸或具有高血壓、高血糖、高膽固醇的人，老化速率比不具備這些危險因子的人還要高。如果我們能減緩或甚至停止動脈硬化，延遲死亡，那麼，即使不能扭轉老化，也可以改善生活。

例如，如果一般不吸菸者會在 70 歲發作心肌梗塞，一般吸菸者會在 50 歲發作，那麼，我們可以合理期望，戒菸可以讓心肌梗塞的發病延遲數年，讓吸菸者發病的風險變得接近不吸菸者。如果戒菸，實際上並不會治癒或預防疾病，只是降低風險，變成和其他人罹病的風險一致。雖然不會從此與心肌梗塞無緣，但至少能不再增加風險。

現在我們都知道，停止老化是很難做到的，我們所能做的最多只是減緩老化的進程，降低疾病的風險，所以接下來我們就要來看看究竟能做些什麼。

飲食

疾病如果無法藉由飲食治療，也不會有其他任何治療方法。
　　——邁蒙尼德（Maimonides），十二世紀的醫師

老化無法透過飲食治療，但如果飲食不良，則會讓自己變老，病情加重。

首先我要說的是，世上沒有神奇食物（也沒有神奇飲食法、神奇運動、神奇靜坐冥想），可讓我們永保年輕，沒有。關於飲食法，也沒有「好食物」或「壞食物」，不過我很少在一個星期中不會聽到關於食物或營養補充品的一些評語，例如，「藜麥對人有好處」或「糖對人不好」等。

實際情況因人而異。

　　近來很多人都把糖當成壞蛋，這種標籤過於簡化。沒有糖，我們很快就會死。我們的細胞大部分時候都需要糖，糖是細胞最重要的能量來源，有些細胞是可以利用脂肪或蛋白質作為能源的替代來源，但大部分細胞只能利用糖。例如吃麵的時候，身體會分解裡面的碳水化合物，將複雜的分子分解成簡單的醣類。不過我的問題並不在於我們的飲食是否需要糖類來源，我們當然需要，問題在於我們需要多少糖，還有什麼形式的糖。我們需要糖為DNA製造核酸鏈等各式各樣複雜的分子才能活下來。我們需要糖作為能量來源。糖會被分解成簡單的糖，飲食中的碳水化合物是代謝能量有用和可靠的來源，事實上，也是細胞能量通用的「貨幣」。

　　曾幾何時，糖在人類飲食中具有崇高的地位，關於糖的一切都是「好」的。但在 1900 年前夕，德國和美國兩位醫師終於了解糖在細胞代謝中所具有的重要作用，當時糖被稱為「大自然的完美食物」。一些醫師和生理學家過分認真，竟然建議糖是人類最佳飲食，不需要吃別的。近來，我們認識到，事情並沒有這麼單純。糖根本不是什麼「大自然的完美食物」，糖會製造問題。不過，當我們嘲笑一世紀前科學家們的愚蠢，我們是否因為傲慢而可能犯下相同的錯誤？糖**真的**那麼糟糕嗎？

　　再重複一次，實際情況因人而異。

　　大自然沒有完美的食物，如果說有一種食物比另一種好，那是因為這種食物可以在某段時間提供細胞適當的營養，這是根據我們每個人不同的遺傳基因而異，也與我們的個人生活方式有別。此外，很多事物在短期內都沒有問題，但長期來看就會產生高度風險。如果說大自然有什麼完美的**飲食**，必定是由許多食物所組成，我們要均衡攝取，並且符合個人需求。飲食討論的重點在於生命，生命非常複雜，我們永遠有不懂的地方。

　　各大類食物，無論是碳水化合物（例如糖這種簡單的碳水化

合物）、蛋白質、脂肪、維生素、礦物質，都不是全好或全壞。以蛋白質為例，蛋白質食物可提供人體必需胺基酸，這些胺基酸我們無法自己製造。若飲食中沒有蛋白質，我們會營養不良，生病而死。脂肪也一樣，不僅提供有效熱量來源，脂肪裡面還有一些脂質是我們不可或缺的。此外，有些維生素是脂溶性的，必需要有脂肪才能為人體所吸收，因此飲食中要含有足夠脂肪。食物的味道大多都是脂溶性的，因此飲食多少要有一些脂肪，才不會索然無味。

以膽固醇為例，膽固醇是一種脂質。我們有一種膽固醇恐懼症的文化，但我們卻不能沒有膽固醇。有些人在飲食中需要的膽固醇很少，有些人則需要很多，膽固醇究竟是不是一種「壞食物」需要視情況而定。放大範圍來說，雖然我們很快決定建議飲食脂肪會導致動脈疾病，雖然我們知道血液中的高血脂和高膽固醇是危險因子，但飲食脂肪的作用，其實遠比我們大多數人所受到的引導認知要弱。降低飲食脂肪或膽固醇，並不是解決老化相關動脈疾病的靈丹妙藥。

既然如此，那麼維生素和礦物質又如何？我們需要相當多的維生素和礦物質，這點毋庸置疑，但別忘了個體差異，我們大多數人都很少想到遺傳的問題。不過真正的問題仍在於，營養補充品究竟是否有益？在某些情況下顯然有益，如果一個人有維生素缺乏症，沒有人會對是否該服用營養補充品有爭議，但每個人的飲食和飲食需求是不一樣的。一個人需要的維生素 C 可能是另一個人的兩倍，但所需的菸鹼酸（維生素 B3）卻是另一個人的一半。更糟糕的是，在許多發達國家中，典型飲食的必需營養素來源不僅貧乏又不平衡。雖然我們吃速食可以維持生命還能長胖，並不代表營養均衡。這樣的飲食習慣，使我們攝取太多熱量，卻可能無法獲得所有必需的營養素，這會導致肥胖，同時又極度缺乏維生素或礦物質。

但我們是否真正需要營養補充品？有些人攝取過多的營養補充品，造成身體必須要透過腎臟去排除多餘的營養素（尤其是水溶性維生素 B 群）。藥學系教授之間流傳著一個標準笑話，美國人擁有全世界最昂貴的尿液。或許我們的確吃掉太多補充品，但究竟該如何是好？

理想飲食是什麼

吃藥死掉的人遠比生病死掉的人還要多。

——莫里哀（Molière）

理想飲食是適合自己基因和習慣的飲食。人類演化至今都沒辦法適應高脂肪、高熱量、低礦物質、低維生素的飲食。因此雖然有些人很可能需要補充維生素和礦物質，不過大多數人真正需要的是一種多樣化的飲食，包括一些蛋白質，許多蔬菜水果，和一些簡單的糖類。就任何方面來說，這都不算是什麼革命性的建議。以下讓我們繼續看下去。

大部分水溶性維生素（B群和C）是相當精細的分子，不適合被加熱或放置很長一段時間。如果你的飲食習慣是吃烹煮過的蔬菜（相對於新鮮沙拉和生菜），或更糟糕的是，完全不吃蔬菜水果，那麼你就可能具有低水溶性維生素的風險，應該考慮攝取補充品。脂溶性維生素比較有趣，主要是取決於我們的脂肪攝取量；如果飲食中脂肪過低，同樣地，我們可能要考慮補充脂溶性維生素（A、D、E）。維生素 K 比較奇怪，因為我們的生存需要倚賴在腸道中生活的細菌，這些細菌會產生維生素 K，但仍需要一些食物中的脂肪才能幫助我們有效吸收這些維生素 K。不過最常見的問題並不是飲食需不需要建議額外攝取營養補充品，因為人們往往攝取**太多脂肪**，而不是太少。如果我們經常吃速食，不太吃

其他食物，我們所攝取的營養素就是「僅此而已」。如果我們的飲食大部分都是透過「得來速」「快熱送」，回家的時候就應該來一些維生素補充品充當飯後甜點。

但是，為什麼不是讓每個人都服用營養補充品，這樣所有人不就可以高枕無憂了嗎？的確，我們可以不計成本和麻煩，而且其實花費沒多少，不過攝取超過身體需要的營養素是沒有必要的。我們很多人都寧願相信，既然維生素和礦物質補充品能夠幫助我維持健康，那麼想必每天多吃 10 顆一定能讓我充滿活力而且永保青春，不是嗎？

呃，事情要是有這麼簡單就好了。

不幸的是，每一種必需維生素和礦物質都有理想需要量，超過了就會產生反作用。資料顯示，多餘的維生素不但無助於避免老化相關疾病，還有相當充分的證據顯示，不必要的營養補充品反而會造成老化相關疾病和死亡風險升高。更糟糕的是，過多的營養補充品**不僅沒有益處**，實際上還會導致疾病。

過多有問題，太少也有問題。我們會因為「不健康」而避免某些食物，但完全避免反而可能會造成問題。好東西太多有問題，壞東西太少也會有問題。例如，太少的自由基對於理想的健康也是不利的。我們的身體需要自由基來殺死細菌並調節許多代謝作用過程，因此，細胞中的自由基過多的確不是什麼好現象，但如果自由基太少也不健康。就好像氧氣，如果細胞中有太多氧原子，尤其是自由的氧，也就是自由基，會造成大量傷害，但如果缺乏氧氣，我們會立刻死亡。萬物都有一種理想的比例，營養補充品是這樣，自由基和氧氣也一樣，節制飲食可能使人生無趣，但卻是健康之道。

真是不公平！要是世界上有「好食物」和「壞食物」，一切問題不就解決了！補充品、維生素、礦物質、脂肪、自由基等也一樣，要是能有理想劑量就好了。不過現實情況總是複雜的，我

們吃的東西並沒有好壞，只能就個人情況去裁量什麼是自己的理想劑量，而每個人的理想劑量都不一樣。

因此，雖然營養補充品的確有一定的作用，我們卻對攝取營養補充品採取保守的態度。維生素可能是好的，但過多的維生素就不好。我不是要阻止各位每天服用多種維生素藥丸，但不要指望它會保護我們免於老化或老化相關疾病。它做不到。唯一可能的例外就是維生素 E（生育酚），在過去 20 年裡，醫藥界認為可以攝取兩倍的建議量，以推遲阿茲海默症的發病時間。雖然並沒有壓倒性的實證，每隔幾年便會出現爭議，不過我一直都認為試試無妨。畢竟維生素 E 的成本和風險都不大。高劑量的阿司匹靈可抑制血小板和血液凝固，但我們推薦阿司匹靈不就是出於同樣的理由？既然現在醫藥界幾乎沒有能夠提供阿茲海默症患者相關建議，那麼為何不試試補充維生素 E？追求精粹的人反對這種方式，但這些人通常不會罹患阿茲海默症，所以我把決定權交給我的病人自己思考。或許維生素 E 不能抵抗阿茲海默症，但又有什麼能呢？

飲食通則與特例

談到食物的通則（相對於營養補充品），我們就進入了大部分人都很熟悉的領域。現代營養學家想出了一個很好的簡單規則：吃超市生鮮區的食物，不要吃中間通道的食物。按照這個規則，可避免加工食品、罐頭食品、汽水、空熱量零食等。超市生鮮區通常是沿著牆壁擺放、位在超市前後兩端，包括新鮮蔬菜、水果、肉、乳製品等。

超市飲食購物規則

在超市，不要買中間走道區的食物，要購買擺放在兩端、沿著牆壁設置的生鮮區食物。

另一種常見的飲食建議，是絕不吃任何長輩不讓我們吃的東西。因此包括各種汽水可樂、顏色鮮豔的早餐甜穀片，還有罐裝或瓶裝的「水果食品」。長輩們的建議就像醫師的一樣，未必令人愉悅，但遵照他們的囑咐往往特別有用。另外還有一個相關的規則**「付錢給農夫，不要付錢給廠商」**，這呼應了前面提過的產品價值與價格的觀點。有些產品花費鉅資在打廣告、加工、包裝，而降低了產品本身的營養價值。對於一些穀片產品，說不定吃包裝盒還比吃裡面的產品更好。

食品成分也適用類似的規則。一個產品成分表越長，可能表示營養價值越低，尤其若是有一些念不出來的成分名稱或必須到網路搜索才能了解的成分。沒有人會想去網路搜尋了解香蕉裡面的成分是什麼。

這是有原因的。

買食物，不要買食品。

在我們的文化中，飲食含有兩個意義層面。

一個是與營養有關，如「你的飲食均衡嗎？」另一個是困擾著美國人的減肥問題：「我要節食。」這太糟糕了，因為討論飲食的主旨應該是一種，而不是兩種。一種「正常的」飲食，應該是較低的卡路里，但有足夠的熱量、脂肪、碳水化合物、蛋白質、

維生素和礦物質，以滿足我們複雜的飲食需求。維持這樣一個「正常的」飲食，有助於我們保持苗條和健康（但苗條並不等於健康），這樣的信念大致為真。飲食特例才是問題。

第一個問題是，很少有人的飲食這樣「正常」。常識其實很罕見，正常飲食也不正常。相反地，我們的飲食經常是速成的，還有比營養還漂亮的包裝。然而，即使我們吃的好，飲食均衡，還是會有很多讓我們肥胖的基因，而有些人的飲食起居和我們一樣卻能保持苗條。

想想為什麼會這樣？

我們的新陳代謝經過訓練，可以抵禦一個與當今 21 世紀這個發達世界極為不同的環境。如果我們可以回到過去 1 千年，到歐洲、非洲、亞洲各個小村莊去拜訪，我們會發現，我們的祖先沒幾個是胖子。然而成為胖子的能力來自我們的基因，基因會幫助個體儲存卡路里在體脂肪中，以益生存。這些基因幫助我們的祖先度過壞收成期和漫長的冬天。瘦子會死於飢餓，因為他們無法儲存足夠的熱量，熬過不好的時期，而胖子比較有機會順利熬到來年春天。在人類歷史中，不久以前，體型豐滿仍被認為是健康和富裕的象徵，理由其來有自。

然而近來情況則恰恰相反。在大多數發達國家，食物是足夠的，因此從演化的觀點來看，能夠儲存脂肪不再有益，不能儲存脂肪也不再是缺點。而且有些人實在太胖，會變成慢性疾病的高風險群，尤其是動脈疾病、糖尿病和關節的問題。由於獲取食物的方式改變了，遺傳風險也跟著改變。

我們吃什麼，就是什麼。不過我們的祖先吃過什麼，才會讓我們變成現在的模樣。

你的飲食還是我的飲食？

> 一些人所謂的健康，如果是來自於飲食的焦慮，還不如
> 得一些沒意義的病要好得多。
> ——亞歷山大・波普（Alexander Pope），18 世紀英國最
> 偉大的詩人

　　遺傳變異的數量驚人。如果我們將某人口族群中的一個基因拿來與一組參考的實際對偶基因互相比較，我們會發現，每個人平均會有 500 萬至 1 千萬個單核苷酸變異（single-nucleotide variants）。我們與周圍的人都略有不同，同樣的基因卻有不同的對偶基因。這些變異對於疾病的影響，很多都無法測得，但它們的影響可能很微妙，包括我們對飲食的反應。也就是說，我們的個人基因組成，會決定我們的理想飲食條件，以及每個人對食物的反應。

　　除了在遺傳學和基因表現上有差異，我們每個人的體內細菌環境也不一樣，代表人體微生物群（Microbiome）不同。有越來越多證據顯示，每個人隨身攜帶的腸道細菌微生物群都有差異。即使飲食和基因相仿，但菌叢不同，會造成一個人是否比別人更健康、更苗條或更快樂。食物過敏、飲食敏感度等其他許多問題，可能主要都是由我們身體的細菌所造成，而不能歸咎於父母，不過確切的原因並不容易證實。如果我們真的想要擁有健康的飲食，也應該要知道如何設法獲得一群特別健康的友善腸道細菌。所以我們可能會開始進行一些常見的方法，例如我們馬上可以想得到的優酪乳，不過人們只是剛開始認識細菌差異重要性的一小部分，對於如何獲得最佳腸道細菌叢，我們仍然一無所知。

　　然而，儘管每個人的基因、基因表現、腸道細菌都不同，還

是有人認為我們應該都要實行一種特定的「完美」飲食。對於一些特殊的飲食建議，例如不要攝取過量卡路里，雖然大致上是正確的，但把飲食列為教條，規範一種狹隘的指導方針，造成個體差異沒有調整空間，可能導致失敗。案例之一就是近來流行的「舊石器時代飲食」，目的是想要重現早期人類可能的飲食，其中建議我們應該少吃加工食品一項是值得稱讚的（*付錢給農夫，不要付錢給廠商*），不過舊石器時代飲食卻有三個錯誤。第一是忽略了個體差異。每個人都不同（我們舊石器時代的老祖宗也跟我們一樣，每個人都不同），因此面對每種飲食都會有不同的反應。第二是我們對於史前時代老祖宗飲食的認識，可能完全不正確。1萬5千年前，這個時間很久，我們連幾千年前人們的飲食都不知道，幾百年前一些文化中的飲食也不清楚，更別說1萬多年前了。第三個錯誤是認為自舊石器時代以來，人類都沒有進化，不過事實剛好相反，人類的基因明顯會因應環境中的食物快速反應變化。

　　讓我們來想想乳糖酶的情形，這是一種讓人體能夠消化牛奶的酵素。所有人在出生時都有乳糖酶，使我們能夠消化母奶。然而，很多人在中年以前會失去製造乳糖酶的能力。舊石器時代的成人幾乎可以確定沒有製造乳糖酶，因此不能消化奶類產品。成人的乳糖酶基因表現（稱為「乳糖不耐症」）在歷史中至少已經過兩次演化（真正可能數十次），而非洲馬賽以及北歐文化中，成人在飲食上已經相當適應奶製品。我們早已不是舊石器時代的人類，舊石器時代飲食也不再能符合我們的基因（還有腸胃）。雖然在發達國家中許多飲食並不健康，但也不可因此認定一個虛構的舊石器時代飲食對任何人來說會是理想飲食（何況舊石器時代真正的飲食其實無益於現代）。

　　任何教條式的飲食都有風險。一方面，素食者需要確保攝取足夠的維生素 B_{12}；另一方面，不吃蔬菜的人往往葉酸攝取不足。然而，成功成為時尚流行的飲食，不到幾年就會從某個極端（只

吃碳水化合物）又變成另一個極端（不吃任何碳水化合物）。偶爾兩種互為矛盾的飲食方式，會彼此爭奪社會好評和媒體關注，但兩者都不見得健康。我們可以從一個經驗法則做判斷，如果一個特別新穎的飲食法已在電視、網路和書店四處傳播，無處不在，可以斷定有兩件事是真的：（1）推廣這種飲食法的人賺到很多錢；（2）若完全遵照他們的飲食建議，你就是笨蛋。

> 請根據個人體質和實際狀況，尋找正確的飲食需求。
> 飲食不是宗教、政治哲學或教條。
> 注意身體告訴你的訊息。

老化與飲食

以上所有相關討論，無論結論是什麼，當我們變老，飲食需求也會跟著變化。隨著端粒縮短，細胞運作變慢，使用的能量也會減少。所以，當我們變老，通常會需要較少食物。如果吃更多食物可以迫使細胞運用額外的營養來進行自我修復，那就太好了，可惜細胞的運作方式並不是這樣。老化細胞最常見、明顯的影響，是基因表現的改變，細胞的代謝率會變慢，不再像年輕細胞一般積極進行修復、更換、回收再利用。因此，老細胞對於熱量的需求較低，攝取過多熱量就會被儲存變成身體脂肪。

當我們變老，需要的熱量就較少。如果我們繼續吃進相同的卡路里，我們會變得更胖。

> 當你到五十歲，還吃得像二十歲一樣多，不會讓你變年輕，只會讓你變成比較胖的五十歲。

年輕人大多會發現，完成大學學業後會開始發胖，因此必須

減少熱量的攝取。大體而言，這種特別的體重增加情形，並不是由於代謝率的變化，而是此生活階段身體活動減少所致。然而隨著我們變老，除了身體活動減少的影響，整體來說，細胞的代謝率也會跟著下降，因此無論打多久網球，細胞的蛋白質池運作都不再快速（其他物質也如此）。雖然這樣可以節省能量，卻有兩個不利的結果。第一個也是最重要的，就是細胞功能紊亂，開始累積傷害，這部分我們在第二章討論過。第二個不利結果是我們依然繼續攝取與年輕時期相同的卡路里量。其實很多人都是這樣，所以增加了罹患肥胖與相關多種慢性疾病的風險。

理想情況下，我們會依照需求的降低，而自動調整熱量和蛋白質攝取量。一般而言，我們的營養需求會隨老化而降低，然而某些特定必需的維生素和礦物質可能不會降低，依舊保持相對穩定，甚至有所增加。因此隨著我們變老，關於每天所需服用的維生素補充品建議，會由於個人遺傳差異和某些老化疾病傾向，而變得更加難以掌握。

年長者的飲食建議
1. 降低熱量攝取總量。
2. 不吃空熱量食物，食物的選擇要多樣性。
3. 確保攝取足夠的維生素和礦物質。

飲食的底線其實相當簡單。當我們變老，更需要均衡的飲食，減少熱量的攝取，以反應實際的代謝需求。健康的老人很少會吃不均衡或高熱量飲食。

請依照年齡來選擇飲食。

運動

> 散步是最好的運動。養成走遠路的習慣吧。
> ——湯瑪斯・傑弗遜（Thomas Jefferson），
> 美國第三任總統

　　傳統智慧認為，運動對我們有好處，可延緩老化和疾病，但實際上真的是這樣嗎？不錯，在某種程度上大致有效，但比一般人想像要差。當然，沒有證據顯示運動可以延緩老化，但很有可能幫助我們避免老化相關疾病。重視運動是必要的，但必須要有理性。

　　而且，既然運動對我們很好，那為什麼一些運動宣傳經常會廣告，要求我們在開始之前先與醫師諮詢。有些人運動不但不會改善健康，還可能會變得無法生存。另一方面，構成風險的其實是潛在的健康問題，跟運動一點關係也沒有。有一個典型案例，一個老人因為胸痛而去看了醫師，醫師告知他患有心絞痛，可能有心肌梗塞的風險。當然，如果他從適度的運動開始進行合理的運動課程，病情可逐漸改善，但如果他第二天就開始慢跑 10 哩路而心肌梗塞發作，我們並不會感到很驚訝。運動對我們有好處，但必須視情況而定。如果想要運動身體，請先動一動腦，不要做任何蠢事。

　　第二個需要注意的是，雖然有大量資料（但並非所有資料）顯示運動對我們有好處，但運動只是與健康相關，並非因果關係。如果我隨機抽出 2 千人，發現其中 1 千人每天都運動，從來不生病，而另外 1 千人從不運動，身體都很不健康，這樣也不能證明運動的益處。運動組成員可能是青少年運動員，而不運動組成員可能是安養院的老年病患。青少年無論運動與否，原本就比安養

院的老人還要健康。

　　上面的這個例子聽起來雖然有點笨，但許多關於「運動有益健康」的研究，基本上都犯了相同的錯誤。例如假設有 2 千人，年齡和疾病史都一樣，但一半會做運動，一半不會。那一半不做運動的人之中可能具有一些「高風險基因」，不僅會導致慢性疾病，身體能量也很低，造成這些人不喜歡做運動。在這種情況下，生病不是由於缺乏運動，而是基因造成他們生病和不想運動。換言之，有些人天生運氣就不好。

　　關鍵的問題是：在一個實驗中，如果我們以一群不太健康又有疾病風險的人作為實驗對象，讓他們養成運動習慣，這樣會發生什麼事？他們會比較健康嗎？能夠預防疾病嗎？雖然這類研究難以確實進行，對於答案我們還是有一些想法。

　　假使我們沒有做任何特別奇怪的事，運動的確對我們真有好處，原因很多，其中之一是，運動會降低血壓和血糖濃度，從而降低罹患所有慢性疾病的風險。還有，根據所做的運動種類，透過反覆的動作，可以訓練人體不同部位的骨骼，減緩骨質疏鬆症的發病時間。例如慢跑有助於保持腿部的骨骼密度，而體操「落地」動作，可幫助強化脊椎密度。大致上，運動可說是一種「用進廢退」，只要身體某部分運動越勤快，就能維持某部分良好的健康。

　　運動有個好處，可能會讓我們大吃一驚，亦即運動對於關節細胞很有益。基本上，只要進行反復溫和的動作，使關節產生張力（或重力作用），我們的關節就能維持最佳狀況。這是因為關節中的軟骨細胞並沒有血液直接供應，必須依靠運動才能保持健康。所有營養素和氧氣，都會藉由擴散作用從一段距離之外的微血管傳遞過來，而廢物和二氧化碳也同樣以擴散作用的方式排除到微血管中。這就好像把洗碗海綿拿到水龍頭下面，以自來水沖走海綿上的黑墨水一樣，每次擠海綿，就會沖走一些黑墨水；放

鬆海綿，就會吸收乾淨的水。重複這個過程，最後海綿就會變乾淨。基本上，同樣的情形也發生在我們的軟骨細胞中：整個關節面不斷交替壓縮和放鬆，可交換營養素、廢物和氣體。每天或多或少都有持續使用的關節，狀況會比從來不用的關節來得好。因此在一般情況下，運動對關節有益，對肌肉、動脈、心臟、肺等也有益。

不幸的是，如各位所想，事情難免有例外。

假設有位 20 歲的青年從高處跳下，落地時膝蓋受到很大的衝擊，幾個關節細胞（軟骨細胞）被壓碎，而其餘細胞施行分裂，取代了損壞的細胞。舊細胞的端粒當然比新細胞短，因此，如果常常做出這種大力跳躍和落地的舉動，而不是好好走路，細胞的老化就會比較快。這就是為什麼專業滑雪者和籃球運動員往往有「老」膝蓋（早發性關節炎），與其他人相較之下也比較早進行人工膝關節手術。在此，膝關節組織的問題並不是營養素，而是實際上的傷害。同樣的，如果一個木匠或雕刻匠，習慣拿著錐子敲打，想必腕關節也會很快出現關節炎。運動是一回事，受傷又是另一回事。如果因為刻意殺死自己體內的細胞，導致身體必須替換一批新細胞，就表示身體正在加速老化。

而且，雖然運動可以有多種益處，甚至可延緩老化相關疾病，但是運動的好處可能會被傷害身體的運動所抵銷。人體生來就是要物盡其用的，不管做什麼，隨著時間過去，人都會老化，但如果我們反覆傷害自己，老化就會快得多。

此外，運動並不會因為花在運動的費用越高就越有益。穿最新流行的運動緊身衣、200 美金慢跑鞋、加入最時尚的健身房，也不會讓運動效果變得更有益。我們不妨觀察一下人們進入一棟公共建築大樓時，是如何從一樓大廳上到二樓。有些人會爬樓梯，而且一次爬兩格；有些人會拖行著上樓梯；有些人則搭電梯。一次爬兩格的人運動效果最好。爬樓梯不需要費用，也不必買裝備。

連我們走路的方法也一樣有差。大步走路的人，運動效果最好。喜歡抄捷徑慢慢走的人，能從每天的運動中獲得的益處不多。不要以為站起來走路就代表自己是在做運動，並不是。

有效的運動可以很簡單，像是爬樓梯、種花、跳舞，或是在家裡**大步快走**等。越是覺得運動需要加入健身房會員，在一天中的特殊時間穿著特殊的衣服，或悲哀地度過一小時，就越有可能得不到運動的益處。

運動是**做來的**，不是**買來的**。

關於老化的運動建議

1. 全身都要動：每一個關節，每一吋肌肉和骨骼。
2. 全身要伸展：關節就是要多用。
3. 一天要有基本的運動量，等習慣了再增加。
4. 每天能走樓梯絕不搭電梯，增加運動量。換句話說，能動盡量動。
5. 每天多動幾次，每次幾分鐘，比每週末只運動一次，一次幾小時要好。

靜坐冥想

> 無逸者不死，放逸者如屍。
>
> ——《法句經》（佛陀的教誨）

靜坐冥想的價值是什麼？

如果各位像我一樣，花了很多時間研究抗老化團體，我相信

各位一定知道它可能帶來的益處有多大。

　　益處取決於我們所希望實現的目標。靜坐冥想不能防止老化，但肯定會令我們更加意識到自己的年齡。大多數長期禪修者對它的好處深信不疑，所以我們為何不試試看？如果禪修者們不是覺得有所受益，何必花時間靜坐冥想？因此，關於靜坐冥想比較屬於主觀感覺，沒有什麼可測量的客觀益處。

　　許多宗教和文化都有某種靜坐冥想形式，進行科學研究的人會將靜坐冥想區分為兩種基本類型，一種是給初學者的指導方式，一種是 EEG（腦電圖）的變化結果。靜坐冥想時，對外界刺激的反應明顯與非靜坐冥想狀態不同。從本質而言，一種靜坐冥想練習（例如禪修）對外界刺激會保持覺察，但禪修者不會隨著時間對這些刺激產生習慣性反應。另一種靜坐冥想練習（例如瑜伽）對外界刺激則很少或不反應，因此也談不上有沒有習慣性反應。與這兩種靜坐冥想相較，我們在正常認知狀態下，大部分都對外界刺激會有快速而可靠的反應，但對於重複刺激很快就能適應，接著，經過一段時間便會完全失去反應。就像是我們剛開始會聽到時鐘滴答聲，但不久之後就不會再對這個聲音產生反應（腦電圖也停止反應）。禪修者可能會繼續聽到滴答聲，瑜伽修行者可能一開始就忽略滴答聲。在這兩種情況下，至少在進行期間，靜坐冥想確實可改變我們對環境的反應方式。

　　不過，當我們進行完靜坐冥想以後，是否在哪方面對我們有益呢？

　　當問及靜坐冥想的主觀價值，很多人表示有助於「降低壓力」或「變得不容易生氣或情緒化」，也有其他人認為益處更為正向，有助重啟或專注。靜坐冥想可以重啟心靈，因此可以使我們專注手邊的事，不讓思緒亂飛。也可以讓我們回到中心，就像陶土要正置於轉盤中心，以免一開始轉就從轉盤上散落。大多數修行者不覺得需要特別證明它「有用」，就像他們不必證明自己很享受

蒔花弄草或烹飪做菜。有些活動做起來就是很愉快,不需要理性的解釋。然而,無論修行者描述有多少益處,顯然是因為他們主觀上堅定相信有益。但客觀利益則是另一回事。

所以回到我們的問題,靜坐冥想究竟是否有助於延長我們的壽命健康?

有數百個研究試圖想要評估靜坐冥想對身體的潛在利益,其中很多以預設立場切入,由貧乏的實驗技術進行,最後當然得到研究人員所想要的結果。還有很多其他研究以虔誠的態度小心翼翼進行,目的就是希望能證明有益。要證明事實真相並不容易,但很明顯,就算具有量化的益處,靜坐冥想也不是靈丹妙藥,尤其無益於老化和老化相關疾病。大部分的益處都是關於生理壓力方面,如血壓和免疫功能,不過只能說它們有相關性,而非因果關係。因此,如果我們想知道靜坐冥想是否能推遲阿茲海默症等等,答案仍然是有爭議的(已有過爭論)。

那麼靜坐冥想是否能影響端粒?也就是說,靜坐冥想是否可延長端粒或減緩端粒縮短?這個問題是「靜坐冥想可以讓人保持年輕嗎?」的現代量化版。曾有數個研究關注在端粒長度上,經一段時間後,都認為靜坐冥想可以延長端粒。不過,不幸的是,研究資料實際上並不支持這個結論。問題之一在於測量的是周圍血管裡的白血球細胞端粒,這是評估人體整體老化的一種可靠測量方式。但血液中的端粒較長,可能表示我們受到的壓力較小(例如沒有受到感染),卻並不表示我們的骨髓端粒或身體其餘部分的端粒都比較長,因此也不表示我們比較年輕。

靜坐冥想的價值並不在於我們還有多少明天可活,而是今天活了多少。

有益扭轉老化的靜坐冥想

1. 靜坐冥想可降低壓力。
2. 安靜比形式更重要。
3. 每天固定時間和地點，保持下去。
4. 每天兩分鐘比每月兩小時更好。

端粒酶活化劑

無論什麼運動，無論多麼努力，無論什麼劃時代飲食，無論哪一種靜坐冥想，無論修行多麼深，都不能防止老化。雖然我們的確可以加速老化，但卻無法反過來扭轉或停止人類的老化，無論怎麼做或怎麼吃都沒有用。

但是，**現在卻有**辦法可以減緩和扭轉老化。

多年來我們知道，在細胞、組織以及最近的動物實驗中，已經可以扭轉老化。剩下的問題是，我們如何能夠**有效地**扭轉人類的老化？這個領域正在快速發生改變，大眾漸漸了解，重置端粒長度就可以重置基因表現。目前，市面上有十幾種大聲宣揚功效的產品，其中大部分都沒有明確證據，卻都聲稱可以有效重新延長端粒。

基龍公司在十多年前就已經研發註冊了首批的有效活化劑，不久便授權給 TA 科學公司。我們已在第四章中討論過這些活化劑，主要是黃耆皂苷，已在臨床上證明可有效扭轉某些老化方面。有兩份研究報告是在講述關於攝取 TA-65 的事，一份是著重於人體免疫功能，另一份是研究其他一些健康和老化的生物標記物，

兩者都有證據顯示，大多數病人的端粒長度都受到明顯影響，也都有「回春」的證據[1]。雖然每個人的效果不盡相同，一些患者的免疫功能改善情形相當於年輕 10 歲（包括衰老的 T 細胞減少）。類似的測量結果呈現於老化疾病相關的血壓、膽固醇、LDL、血糖濃度、胰島素濃度、骨密度等方面。

如果各位希望攝取某種活性化合物以有效減緩或扭轉老化，那麼應該會對端粒酶活化劑感到躍躍欲試，但提醒各位要注意一些事項。第一，這兩個研究規模較小，也沒有得到什麼劃時代的驚人結論，仍具有爭議。例如，免疫功能的改變，主要出現於曾有巨細胞病毒感染史的病患身上。第二需注意的是，看到的變化僅在生物標記物而非實際的疾病。例如，降低膽固醇或許有益，但若能實際看見冠狀動脈改善的效果會更好，或最好是能夠降低心肌梗塞發生率。生物標記物如膽固醇，無論數字多漂亮，畢竟不是改善疾病，而且也不是膽固醇本身會造成死亡或老化。第三需注意的是，儘管有個人宣稱有效或有資料支持，但仍無證據顯示，服用 TA-65 或任何其他端粒酶活化劑可以真正變年輕。

也就是說，實際上根本沒有人因此從 70 歲變成 40 歲。

就事論事，TA-65 或其他端粒酶活化劑或許可以扭轉某些方面的老化，但我認為，以治療或預防阿茲海默症而言，這些化合物最多不過只有 5% 的效用。這些資料有暗示性，引人遐想，我們現在當然會考慮服用端粒酶活化劑，但想要治療和預防老化與老化

---

1 Harley, C. B. et al. "A Natural Product Telomerase Activator as Part of a Health Maintenance Program." *Rejuvenation Research* 14 (2011): 45-56. (「天然端粒酶活化劑產品，作為健康維護計畫之一環」《回春研究》。) Harley, C. B. et al. "A Natural Product Telomerase Activator as Part of a Health Maintenance Program: Metabolic and Cardiovascular Response." *Rejuvenation Research* 16(2013): 386-95. (「天然端粒酶活化劑產品，作為健康維護計畫之一環：代謝與心血管反應」《回春研究》)

相關疾病，我們需要一種更有效的介入性治療方式。

從實際的角度來看，我們是否應該服用端粒酶活化劑？

目前，端粒酶活化劑費用很高，每個月需要花費數百美金，雖有證據支持但不夠強力。更糟糕的是，還有其他公司也提供類似的產品，價錢雖較便宜，但無法確定裡面含有真正具有活性的黃耆皂苷化合物，如果真的含有，表示這些產品有效。此外，還有競爭公司宣稱，白藜蘆醇（resveratrol）、TAM-818 等其他化合物的效果等同於或優於黃耆皂苷化合物，但這些廣告宣傳都沒有研究資料支持。

簡言之，市面上至少有一種產品的廣告具有科學根據，說明可影響老化；另外還有十幾種不一定有效，也沒有資料支持，但比較便宜的產品。這些便宜的產品大都缺乏為何**應該**有效的合理基礎，其他可能有效的產品，則缺乏研究資料。少數產品可能真的有效，但至今成分未明，安全性、合法性和臨床效果都值得商榷。

我們已經清楚，端粒酶活性劑既不是商業噱頭，也不是郎中的萬靈丹。雖然市場充滿了虛假和未經證實的說法，但就細胞、組織、動物而言，以及人類在有限程度上，已證實了端粒酶活化劑有效。在撰寫本文時，並沒有發生顯著的副作用或風險，例如引發癌症的可能。因此主要的問題在於：

你應該服用端粒酶活化劑嗎？

是的，可能應該。

這是一場賭注，請根據花費、個人經濟和研究資料，由你自己決定。

TA-65 已有數據支持，可能有益健康。

1. 哪些具體的商業來源是有效的？
2. 可取得的端粒酶活性劑究竟如何有效？
3. 以個人預算而言，投入的成本值得嗎？

我們知道，還沒有其他物質能像端粒酶活化劑一樣，可有效扭轉老化。

新技術推動收集新資料的能力，但新資料也應推動新的理解。正如虎克的顯微鏡讓他看到「微型動物」（animalcules），推動了人類對疾病產生新的認識，同樣的，海弗列克謹慎的實驗，則推動我們對細胞老化有了新的認識。現在，端粒酶活化的實驗，也正在推動我們對老化的一般新認識。

第八章

X

扭轉老化

潛在可能

在未來十年，我們將可能使人類的健康壽命延長一倍以上。我們正處於人類歷史上的一個轉捩點，幾百年後甚至幾千年後將能看見這個點位的關鍵性。現今我們已握有治療老化和疾病的知識和能力。

在 21 世紀之交，人類第一次展現出我們可以扭轉人體細胞和組織的老化。接下來十年，人們開始初次進行口服藥物試驗，呈現臨床實驗階段，人類的老化進程至少能有一部分的重置。此外，數個學術實驗機構，包括在西班牙馬德里大學的瑪麗亞·布拉斯科，和美國哈佛大學的榮恩·迪平荷，都以各種不同方法展現了重製動物老化的能力。毫無例外地，所有重製老化的方法，都是重新延長端粒長度以重置基因表現圖譜，結果不僅會呈現於組織上，也將使得生物體變得更健康，功能更年輕。

我們正處於一個巨大躍進的邊緣，將能以明顯而驚人的方式扭轉老化進程。我們即將不僅可以治療與預防老化相關疾病，也能重置老化進程本身。

從現在開始的一百年後，學生將會學到人類健康和長壽的新時代「元年」會是哪一年呢？或許是 1999 年人類第一次扭轉細胞

的老化，或 2007 年口服端粒酶活化劑首度上市的時候。也許是未來幾年的某一天，我們會開始進行治療阿茲海默症的端粒酶人體試驗。無論哪一種，時間點都是在現今大部分人活著可見的某一天。扭轉人類老化，治療老化相關疾病，已近在眼前。21 世紀的頭 20 年中，後人將指出某個特定年份是醫學史上最重要的一年，這一年將會永遠改變人類

奇怪的是，過去 20 年很少有人意識到變化持續在進行，這些變化通常是隱藏在微小而不起眼的進步中。過去 20 年，成立了數個大型研究基金會，致力於了解老化與相關疾病，然而這些機構幾乎沒一個例外，都以舊模式繼續運作，因而對於老人並沒有產生什麼臨床上的效益。這些研究基金會投注了資金與心血，卻不能在臨床上改變老化的結果。拘泥於現今的模式而投入資金，而非未來的發展，這在醫藥史中並不是唯一的例子。

同樣的情形出現在 1950 年代初期，小兒痲痺疫苗首度面世之前，當時為了臨床治療脊髓灰質炎兒童的癱瘓，人們將資金投注於鐵肺和改善護理，發展電療、氧氣療法、藥草、高劑量維生素 C 等。人們希望能治好病，但卻花費巨資和努力在非基礎性也沒有效用的介入性措施。同樣的事也發生在老化與相關疾病的治療上。由於我們假設老化無藥可救，僅能治療併發症和症狀，而忽視病因。許多人仍然固守身體磨損、自由基、「老化基因」等簡單的模式，對於老化研究中大量投入的資金，在臨床上一無回報。

> 世上最可怕的莫過於沒有洞見的行動。
>
> ——歌德（Goethe）

老化的重大進步幾乎不為人所重視，也完全沒有大肆宣揚，僅有幾間小型生技公司，幾位傑出研究人員，和一些見解獨到的臨床醫師知曉。這便是基龍、新銳科學、和 TA 科學，以及一些學

術研究人員的貢獻。即使我自己的書和文章也一直站在批評之列，但要不是有一小群人見解更謹慎，思考更深入，研究更努力，我們永遠都得不到進步。這種模式轉變和科學洞見，將引導我們前往意想不到的方向。

當我們談論到終結老化，人們往往跳躍至錯誤的結論。因此，我們在討論即將達成的成就與意義之前，不妨先來認清那些**不會**發生的事。首先，我們不會長生不死，長生不死只是神話、幻想和科幻小說。不管我們如何健康，無論我們的基因或基因表現如何，生命依然會受到暴力、意外、急性疾病和不幸事件所影響。

其次，當談論到如何從根本上延長人類的壽命，很多人第一個反應是「我為什麼要活那麼久？」意思是說，為什麼要浪費100年的時間在安養院過活？當然，我不是在說這個。這種錯誤的假設很容易理解，因為發達國家**平均**壽命的增加，部分來自我們能使老人和病人活得更久。我們的誤解以及因誤解而生的恐懼，源自於小說和神話。在希臘神話中，不朽的黎明女神尹娥斯（Eos）要求宙斯也賜與她人類情人提托諾斯（Tithonus）不朽的生命，但卻忘記把永恆的青春放進合約裡，造成了一個可怕的惡作劇，從此注定了提托諾斯將永遠衰老的厄運。在《格列佛遊記》中，作者強納森・斯威夫特創造了史卓布魯格人（Struldbruggs），這些人身體老了以後，心智也跟著衰老，但卻會長生不死。他們在80歲時，就會在法律上被宣布死亡，房地產分給繼承人，被迫以微薄的救濟金生活。另外還有王爾德所著《道林・格雷的畫像》，主人翁道林・格雷身體內部爛掉，外表卻永保青春。

這些恐怖小說與實際上的扭轉老化完全無關，延長人類的壽命絕對可行，我們能夠確保健康的生活。假使罹患阿茲海默症、動脈硬化和其他老化相關疾病的風險也跟著加倍，我們就沒有必要延長壽命。過去，小兒麻痺曾使數千名兒童受到鐵肺的捆綁，施打小兒麻痺疫苗以後，兒童不再受到鐵肺的捆綁，而擁有了正

常的童年。現在我們展望終結老化的遠景是相同的，我們延長的不是居住在安養院的時間，而是被賜與健康的生活。延長壽命的唯一辦法是治療和預防我們最害怕的疾病，疾病會把我們送進安養院，過著緬懷逝去生命的日子。

我們可以提供健康和生命，而不是苟延殘喘。

當我們真正扭轉老化，延長壽命，將能大幅削減醫療成本，也不再需要安養院，我們將能預防老化相關疾病，使人類變得幸福健康，具有完全獨立的生活能力。我們已經用盡各種方法來延長老化人口的壽命，無論在經濟或情感上的花費都極高，但現在，進一步提高人類壽命的唯一辦法不是延長殘疾，而是改善健康。

如果我們扭轉老化，如果我們可以預防老化疾病，那麼我們實際上能活多久？很難預料。要一直到我們預防老化很久以後，一直到人們活得夠久以後，我們才會真正知道這個答案。不過就我們所知的人類生物學和臨床醫學，以及我們從動物模型和組織實驗所得到的少量訊息，我們可以猜測。在未來十年或二十年，預計人類的平均壽命很可能延長為幾百年，我們將更能控制疾病，例如癌症、阿茲海默症、動脈硬化等。我們即將改變人類醫學，我們的生活和社會將永遠改變。

> 我們至少可以將人類壽命延長一倍，平均壽命將延長為
> 數百年，生活將變得健康又有活力。

以現今老化進程已知可能的介入性治療來說，人類健康壽命的年齡範圍可預估為 500 歲，這個數字完全合理，可以討論。一旦我們可以延長健康壽命幾百年，我們當然就會有幾百年的時間可以確認我們的成功。

簡言之，這將是科學史上最長的實驗。我們都將拭目以待。

路徑

　　扭轉老化有四條路徑，人們已經積極在探索其中三條。端粒酶活化劑是最簡鍊精確的解決方案，讓藥物「打開」自己的端粒酶（利用 hTERT 基因），從而重置基因表現。這是第一條路徑，全世界有幾家生技公司（如新銳科學）、研究人員和學術實驗室都在積極開發和測試。到目前為止，市面上至少有兩種潛在有效的藥劑，不過這些藥劑實際上的效用還不清楚，效果也不如我們的預期。目前資料顯示，黃耆化合物，特別是黃耆皂苷，對於生物標記物如膽固醇濃度等有明顯助益，不過膽固醇濃度只是疾病的間接標記物。然而迄今為止，沒有資料顯示這些化合物會直接影響老化相關疾病，從而降低發病率或死亡率。此外，也沒有資料顯示這些藥劑能否延長壽命，又能延長多久？

　　第二條路徑是利用端粒酶蛋白。這個方法我們所面臨的挑戰是如何使蛋白質有效進入細胞。幾年前，人們還不認為把治療性蛋白送入細胞是可行的，但有些研究人員已證明這個方法具有潛力。2005 年創立的鳳凰生物分子生技公司便是嘗試這個方法，但公司還沒開始臨床試驗就宣告結束。目前此途徑已無任何計畫正在進行。

　　第三個解決方案是利用端粒酶的信使 RNA，這個壯舉於 2015 年由海倫・布勞（Helen Blau）的史丹佛大學研究小組首度完成，不過還沒有延伸進行動物或臨床試驗。人們一直認為這個方法很困難，由於 mRNA 分子性質脆弱，雖可進行實驗室細胞研究（體外實驗），但無法進行人類病患（體內實驗）的臨床試驗。這個問題能否解決還有待觀察，但這個方法本身很吸引人。

　　第四個方案是將端粒酶基因送入人體細胞中（透過微脂粒或病毒載體）。有數組研究人員（如 Teloctye 公司利用腺相關病毒

來傳遞）正積極推動此途徑，未來一年左右可預期臨床結果。無論是微脂粒或病毒載體，關鍵在於賦予運輸系統一個正確「地址」，才能送入正確的細胞中。將端粒酶基因送入細胞大多都沒有問題，目前只有在一些組織遇到障礙。例如大腦有血腦屏障，會限制運輸。這兩種障礙——送入正確細胞中，以及大腦的血腦障礙——已經動物實驗證實成功，因此人體試驗的成功也是指日可待。

　　以上四種途徑都可用於治療特定老化相關疾病。有些團體顯然想要摘取低處的果實，相信防止皮膚老化等其他美容課題較容易達成，而且也比治療疾病的利潤更豐厚。然而我們有些人，卻對自己的承諾深信不疑，清楚看見人類更大的需求，現在目標直接瞄準仍無治療方法的疾病，例如阿茲海默症。我們知道具有介入性治療老化的能力，我們要做以前從未有人做過的、最需要做的事情。為了治療阿茲海默症，如我所寫，人類端粒酶試驗計畫早已成形。

醫學結果

　　我們能夠治好什麼疾病？

　　阿茲海默症、動脈硬化、骨質疏鬆症、關節炎、皮膚老化、免疫老化，以及其他大多數老化相關疾病將成為人類的歷史，不再威脅我們每個人的未來。然而一些例外將保持不變，例如雖然我們可以減少造成腦中風的主因，而這個主因與老化相關，但仍然會發生創傷性或遺傳性腦中風，而這些與老化所造成的腦中風無關。一些肺部疾病，例如慢性阻塞性肺病是由於環境暴露或毒物傷害，而不是由於老化，另外還有一些遺傳性肺疾病也是如此。關於可以預防和不可以預防的疾病，可以分類為基因相關疾病和後生相關疾病。如果我們有異常對偶基因導致鐮形細胞貧血症，

端粒酶沒有什麼幫助。另一方面，如果是老化相關疾病，造成基因表現圖譜產生微小而蔓延性的變化，那麼端粒酶對我們每一個人就有很大的幫助。

不管是什麼方法，無論是直接遺傳性運輸或是端粒酶活化劑，端粒酶療法都有望根除大多數人類的老化相關疾病。此外，這些相關疾病都是目前仍然無法治療的。端粒酶療法不會比現有的其他療法更有效，但對於無法從現代醫療受益的一些疾病來說，這是介入治療這些疾病的最有效點位。

端粒酶治療將有效治療或預防阿茲海默症與其他老化相關的神經疾病、動脈硬化與其他老化相關的血管疾病，以及許多疾病，如骨質疏鬆症和骨關節炎，這兩種疾病雖不太致命，但具有高發病率，至今我們都無法阻止病情惡化或扭轉病情進展。此外，我們將能防止大多數癌症，因為我們用端粒酶穩定基因體，促進DNA修復，並防止大部分突變累積，形成臨床上的惡性腫瘤。端粒酶療法也將用於治療皮膚老化、免疫系統及大多數身體其他系統的問題。

限制當然有。端粒酶治療可降低罹患腦中風的風險，但不可根除，因為腦中風並非完全肇因於老化。而且端粒酶扭轉的老化問題，還必須要有身體的修復能力來配合。修復不存在的細胞或組織，如已做手術移除的關節，死亡已久的神經元（如慢性阿茲海默症），或心肌梗塞大發作後死亡的肌肉組織，這些就好像是Humpty Dumpty 的問題——西方童謠中 Humpty Dumpty 是一顆蛋，坐在牆上摔下來，但所有國王的人馬都無法治好一顆摔碎的蛋——端粒酶也一樣，無法修復再也不存在的東西。

端粒酶療法對於幾百種特定基因所造成的問題——如鐮形細胞貧血症——可將基因表現圖譜最佳化，但不能取代基因。每個人與生俱來的基因會限制我們的身體。雖然端粒酶不能重新定義這些限制，卻可防止它們造成疾病。我們可將基因想像成一組工

具，我們繼承了這組工具，端粒酶雖不能改變這組工具，卻能保
證我們能夠有效地運用它們。同樣的，端粒酶也不能根治高風險
或自我毀滅的行為問題。如果你過度飲食、吸菸、飲酒或藥物服
用過量，過著雲霄飛車般的生活，那麼你還是跳過端粒酶治療吧，
因為你可能不會活那麼久，根本不需要它。

　　即使端粒酶療法有局限性，但是，端粒酶療法卻可給予我們
保證，以一種全新的方法來治療最常見的疾病，既有效又便宜，
這些疾病現在不是被忽略（「你沒生病，只是老化而已」）就是
對任何治療都沒有反應。

端粒酶療法究竟是什麼？

　　治療出奇的簡單。去門診看病的一天，可能會像這樣：

　　我們到診所去看病，就像平常去診所或醫院看病一樣。我們
被帶入一間診療室，護士開始準備幫我們做靜脈注射，我們看見
有一個半透明的小塑膠袋，裡面裝著溶液，看起來和其他靜脈注
射藥劑沒有兩樣。護士將針頭推入我們的血管，藥劑開始流入我
們的靜脈。經過一個半小時左右，護士檢查我們的生命徵象，一
切無恙，幾分鐘以後我們就走在回家的路上。

　　也許兩個星期後，我們會回去診所進行第二次治療，這次與
第一次一模一樣。之後幾個星期，醫師會檢查我們的血液檢查結
果，證實血液細胞中的端粒已重置。根據我們的病史，醫師會進
行其他實驗室檢查，然後再做一些心臟檢查或核磁共振檢查，可
能是要看看我們的膝關節。我們的每一個檢查項目都有細微的進
步，證據變得明顯。

　　變老需要幾十年，但進行端粒酶療法之後，身體很快會開始
修復，幾個星期或幾個月就可發現進步。進步很細微，從細胞開
始，擴展到組織，變得較明顯，最後在日常生活中都能察覺到。

我們開始發現自己精力變得更旺盛，身體狀況感覺變得很好；雖經過了長期疲勞，但我們會發現自己現在想要做一些已經很久不想做的活動；睡眠得到改善，睡醒後身體也不會痠痛；記憶恢復正常；呼吸更加順暢。我們的健康都正在重新恢復到以前我們覺得理所當然的狀況。

歡迎來到一個更長久、更健康的生活。

現在我們來解答一些其他常見的問題：

端粒酶療法是一次性治療嗎？

你將需要大約每 10 年做一次治療。

治療需要花多長時間？

完整的治療過程從幾個月至幾年，根據個人身體發生了多少損害而定，每個人的恢復速率相同。例如，如果你有早期阿茲海默症，你的狀況會比重度阿茲海默症患者要好，因此，雖然兩者的恢復速率相同（經幾個月後），最終的結果依然取決於病情原本的嚴重程度。

我會變得多年輕？

端粒酶療法可以將身體實際年齡重置幾十年，但不能讓我們回到童年。有一組細胞機制控制長大成人，但端粒控制的是老化進程。

副作用是什麼？

因為身體會重建細胞和組織，修復細胞內部，因此我們會需要更多能量，所以我們也將有更高的食慾。由於身體側重癒合和修復，就會出現初期的疲勞狀況。

請問我是否負擔得起？

端粒酶治療的成本不會很貴，因為患者的基數很龐大，因此可分攤研究與生產成本。端粒酶療法的成本大部分並不在於研究

或生產，而是行銷和運輸，例如，醫療院所要開始準備靜脈注射設施的成本。後面的費用則包括住院、醫療險、醫護人員，以及其他相關的運輸費用，這些費用並不是治療費用本身。端粒酶療法的預估費用很可能相當於現今的疫苗預防注射費用，在美國施打一個劑量，每位患者約為 100 美金。即使以最悲觀的估計，端粒酶的治療費用也會非常低，特別是想到端粒酶療法所可以治療與預防的疾病，那些疾病的花費才是可觀的。

治療本身並不昂貴，但對個人與社會兩者皆有利。

社會成果

> 人類社會的價值，在於給予個人發展的機會。
>
> ——愛因斯坦

對個人而言，端粒酶療法有望使我們健康、快樂，是一種看待生命的新方法。它消除了人們對未來的恐懼，當年齡增長，我們無可避免會往疾病和殘障的懸崖前進，我們知道自己有一天會變成無法獨立行動的個體，失去健康，失去所愛的人，或是像阿茲海默症的患者一樣，失去靈魂。

想要看看世界？學習語言？想要更多時間完成夢想？你有的是健康和時間來做你早就想要做的事。但是，就像年輕時一樣，你仍然需要養家活口。目前，大多數人可以工作到 60 歲，然後仰賴儲蓄過活，因為預期壽命在退休以後並沒有延長太多年。然而使用端粒酶治療以後，我們可能活到 200 歲，大多數人沒辦法靠 40 年的儲蓄活上 150 年。但我們的身體會健健康康的，可以工作更久，所以工作也會跟著產生變化。你不會想要把半世紀的時間投注到你不喜歡的工作上，你可以把儲蓄拿來進行學習上的投資，展開新的職業生涯。你的生命夠長，有更多學習機會找到自己喜

歡的事業和生活。你甚至可以進行幾種不同的事業，中間退休幾次，再重新開始新事業。

家庭也將發生變化，因為家族關係將延續四、五個世代。我們愛我們的孩子，珍惜我們的孫子，但我們能有多少時間與玄孫相處？他們都比我們年輕好幾個世代。年輕人對老人的態度也會發生變化，因為老人看起來不老。所以，既然我們多了幾十年的經驗，會不會變得更聰明？很難說，但我們肯定會擁有更多的知識和經驗可與年輕人分享。只要人類持續存活在這世上，長大成人、結婚、生養子女、變老等生活模式，依然是固定不變的主題。但這些主題將如何發生變化，又將如何改變我們的社會基礎？有多少人的婚姻會持續兩百年？家庭如何適應變化？我們的孩子會如何發展新的社會習俗，以滿足老人的需求？

甚至像國家等一些較大的社會結構，將如何適應我們延長的生命？我們將受益於更長遠的和平與繁榮，但如果只有部分人能享受壽命的延長，這種不平等將造成衝突。相較於可能花費的費用，端粒酶療法將帶來巨大的益處，因此我並不認為在醫療方面會造成很大的不平等問題，然而風險仍是有的。歷史上的戰爭向來是老人運籌帷幄，年輕人拋撒熱血，但由於壽命增長，老人與年輕人兩個團體會發生變化，因此可能影響降低國際紛爭。雖然這種變化還無法預測，但對我們的未來至關重要。壽命增長也可能造成某一代問題的延續，例如原本在戰爭之後幾十年間出現的恐怖主義和犯罪行為，以及憤怒和復仇的慾望，會隨著世代交替而褪色。但人們開始變得長壽以後，仇恨也將隨之延續，這是否會因此影響了國家政策，導致衝突和紛爭跟著延長？

不過也有樂觀的看法。由於我們知道自己會活很久，將面對自己選擇的結果，為了孩子著想，為了保護長期經濟和全球環境，我們將樂意付出更多。我們再也無法忽視政治決定方面的長期後果。延續兩代或三代的國債，將變成一代，每個人都要為自己這

一代的國債和義務負責。我們將會更主動避免舉債，也將會更願意投資於未來的科學、教育和各種探索，諸如太空電梯、小行星採礦、在月球上建立城市等，這些長期計劃和投資將更具有迫切的意義。

我們可預期人口的回升。大致來說，人口攀升的速度大致上將與人類壽命延長的速度一致，不過現下剛好有全球人口過剩的敏感問題，令人擔憂。然而另一方面，幾乎所有發達國家的人口增長都在明顯減少，根據聯合國預測，下個世紀之前，人口密度**急遽**減少的問題，已引起許多人的恐懼（和制定新計劃）。這已是目前一些國家迫在眉睫的問題。

許多發達國家的年輕人越來越少，無法支持越來越多的老年人和殘障者，因此產生了經濟問題。端粒酶治療將從根本上降低這個問題，因為老年人將不再體弱多病，完全能夠自己照顧自己。由於會有更多健康的成年人積極參與社會，造福經濟，並提供豐富的經驗和知識，端粒酶治療將有望帶來前所未有的人口結構革命。人類累積的知識將不再隨著死亡而埋葬，我們將可以積極利用這些知識來改善經濟和社會。個人累積的知識將比從前更多。現在我們每個人一生致力於高等教育，以及在職、「終身」學習的時間約為 4、50 年，若包括退休則為 6、70 年。想像一下如果這段時期增加為 150 或 200 年的情形。老人是大量知識的資源庫，可以持續投資在未來。當端粒酶療法成為常見的醫療方式，將可帶來健康、獨立的老年人口及有效工作人口的增長。

長壽經濟

預防老化疾病、增進健康、使人類壽命延長，以及造成經濟的關鍵變化，將使勞動力變得更有生產力、更有活力、更有效率。端粒酶療法除了可提供更高的生產力，也可降低醫療保健與老人看護的費用。

　　然而，有些課題無法預測，因而產生了新的問題。人口密度將攀升到多高？人口出生率會變成多少？如此將會增加多少環境壓力與相關經濟問題？我們是否將能調整法律結構和退休預估，以及社會網路是否能夠快速處理這些問題？如果我們不能準確預測平均壽命將延長多少（如果變成無法預測），我們將如何應付「一飛沖天」的社會變化？隨著壽命、疾病和失能的不確定性升高，我們將出現前所未見的財政不穩定。當我們再也無法依照過去理所當然的評估基礎來制定未來的新計劃，我們又將如何依照工作公司或社會系統的前景來規劃自己的未來？

　　對於個人來說，結果或許很單純的好，然而對社會來說結果仍未明。延長健康的壽命不會改變恐怖主義、貧困、偏見或壞運氣。雖然我們可以消除許多身體的頑疾，卻不能去除社會的弊病。即使我們治得了病，卻治不了心。我們很快將會遭遇一個前所未有的時代，在人類歷史中的所有改革與變革，無論是認知、農業或工業上的，相較之下，扭轉老化的革命，影響可能最深刻。端粒酶療法提供個人生命的禮物，但這分禮物卻帶給社會一分不確定性。

　　而且，即使遭遇最壞的狀況，這分不確定性仍充滿了希望。

同理心與人類的生命

　　　愛使人得到醫治，施與受者皆有福。
　　　　　　──卡爾・門林格爾（Karl Menninger），
　　　　　　　　　　美國著名精神科醫師

　　扭轉老化，目的不在延長壽命，而在同理心。
　　我們的生命、人類、社會、家庭與個人，並非用年齡來測量，

而是經驗品質與個人互動的深度。如果生命在水深火熱之中，何必要延長它？但更重要的是，如果生命對你來說很快樂，對與你分享生命的人也很快樂，我們為何不要延長健康生命的快樂與喜悅？

生命的珍貴和意義的深遠，遠比我們的年齡還要大。

對身邊人的同理心，是我們生命的一部分，同理心也擴大了其他人的生命。除了現代醫療、科技發展與臨床行動競爭力，病患還需要的就是同理心，就像我們去拜訪關懷親友，並不只是想要去尋求解決問題的方法。我們去看醫生，到醫院看病，也不只是為了進行診斷和治療，還想要喚起醫療人員的同理心。這樣說並不是看貶了醫療知識的價值，而是將醫療知識變成一種觀點。

照護病人，祕訣在於**關心**病人。

一個貶低病人所受痛苦的社會，沒有投注同理心，是一個失敗的社會。我們的社會，並不只是使人民免於飢餓和疾病的社會。我們需要分享生命，愛我們身邊的人。社會不僅是經濟或財務條款，或是人口密度問題、環境問題，而是思考人類生命的本質。同理心是社會和健康文化所不可或缺的，也是良好醫療照護所不可或缺的。

當我們扭轉老化，我們的文化和生命會發生什麼事？

對許多人來說，問題首先是，我們可以承受的是什麼？對人口和環境有何影響？我們得誠實且認真地面對這些問題，但並不是關乎個人生命和人類文化的關鍵議題。關鍵議題在於同理心，我們對自己的尊重，以及我們夢想和希望的能力。人類和其他動物的主要區別，或是與原始祖先的區別，在於現代人具有抽象思考的能力：同情、尊重、夢想，其中還有希望。我們可以看見無形的事物，感受摸不到的東西，想像不存在的事物，這是我們之所以為人類的原因。我們能夠無中生有，但與這種想像力相比，更重要的是要使想像化為真實。夢想不是用來自娛娛人，而是要

提昇自己。夢想本身是有價值的，但把夢想化為真實更有意義。同理心值得讚賞，但那不只是一種情感，我們還必須將同理心化為客觀的實際行動，治療疾病，帶給人們長壽而有價值的生命禮物。

我們所選擇的世界？

想像一個未來，由於人口和經濟所造成的問題，我們只為年輕人提供醫療服務。我們會剔除某年齡層的人，例如 70 歲的老人，只因為我們覺得年紀大的人會造成社會的負擔。

再試想另一個未來，關注重點在於個體，醫療協助沒有年齡限制。無論年齡大小，唯一的問題是，我們能否幫助你，而非你對社會是否有用。

我們是否有人願意生活在一個對高齡者不具同理心的社會？當一個社會要求某些無助的人獨自受盡折磨或等死，這樣的社會還能長存嗎？當一個文化輕率地向死亡和疾病投降，這個文化還能延續嗎？

我們很快將會面對這些問題，但原因很多，只是現在大多數人都還想不到。新問題並非在於延續老人活命的道德或開支，受折磨的人往往死不了。新問題在於降低生命的折磨，和延長健康、有活力、有生產力的道德。我們最後如何選擇，不僅將決定我們個人未來，以及我們所生活的文化，還有我們的文化是否能優雅地存在，或因無知而毀滅。扭轉老化不僅是為了延長壽命，而是延長人類的精神。我們有機會利用這分力量，防止痛苦、恐懼、悲劇和損失。我們如何幫助身邊的人，我們如何塑造法律和社會，將定義我們自己。

運用這分高貴、優雅和同理心的機會，是身而為人的成功。

後記

隨著本書付梓，成果也向前邁進。

我在 2015 年初成立 Telocyte 公司，這是一家致力於本書願景的生技公司。公司的計畫對於老化和老化病理學具有空前的認識，有提供我們治療的技術，還有越來越多的同伴，包括彼得‧瑞生（Peter Rayson）及 CNIO 的瑪麗亞‧布拉斯科與其他同仁等，大家不僅了解我們治癒阿茲海默症的科學能力，也將自己投資於未來，一個沒有阿茲海默症的未來。我們同心協力，一起承諾實現願景，並確保沒有人需要生活在老化的恐懼和疾病之中。

我們決定不再枯等理論，而將致力於將同理心化為現實。

如果你想要助我們一臂之力，請隨時來到 Telocyte.com 與我們聯繫。

名詞解釋

Adenosine triphosphate (ATP). 三磷酸腺苷（ATP）。在細胞的代謝作用中傳遞化學能的輔酶。

Adenovirus. 腺病毒。病毒的一種，會引起不同程度的輕微上呼吸道不適。腺病毒是長久以來通用於基因治療的病毒載體。

Anabolism. 合成代謝。請見「代謝作用 metabolism」詞條。

Antioxidant. 抗氧化劑。自由基和其他氧化分子會造成細胞損傷，抗氧化劑可抑制這些氧化損傷。

Aplastic anemia. 再生不良性貧血。一種疾病，身體不再製造足夠的紅血球、白血球和血小板等血液細胞。

Apolipoprotein E4 (APO-E4). 脂蛋白脂 E4。會提高罹患許多疾病風險的對偶基因，包括動脈硬化、阿茲海默症、缺血性心血管疾病（腦中風）、加速端粒縮短等。

Atrial fibrillation. 心房顫動。不規則的心跳會增加腦中風等併發症的風險。

Base. 鹼。在化學中，鹼這種物質可接受氫離子，性質與酸相反。本書中這個字指的是四種組成遺傳基因的核苷酸鹼基（見「核苷酸」nucleotides）。

Beta-amyloid. 乙型類澱粉蛋白。由於微膠細胞老化，胜肽沉積，導致神經元死亡和阿茲海默症。

Bisphosphonates. 雙磷酸鹽。用於治療骨質疏鬆症的藥物。可減緩骨質流失，但無法停止。

Cardiomyocyte. 心肌細胞。構成心臟的肌肉細胞。

Carotid endarterectomy. 頸動脈內膜切除術。透過手術去除斑塊，改善窄化的頸動脈，希望能防止腦中風。

Catabolism. 分解代謝。見「代謝作用 metabolism」。

Caudate nucleus. 尾核。位於大腦基底，負責身體的自主運動。

Cellulitis. 蜂窩組織炎。皮膚淺表層細菌感染，一般以口服抗生素治療。

Cerebral cortex. 大腦皮層。大腦「灰質」外層，由神經元組成，控制運動、感覺和其他大腦功能。

Chondrocytes. 軟骨細胞。排列在關節上的細胞，使關節平滑、無摩擦，進行正常的運動。

Coxsackie. 克沙奇。一種常見病毒，會引起許多人類病毒感染，包括病毒性腦膜炎。

C-reactive protein. C-反應蛋白。一種血蛋白，出現時代表身體某處有發炎。

Cytokines. 細胞激素。細胞分泌的小蛋白，用於控制其他細胞。

Cytomegalovirus (human). 巨細胞病毒（人類）。一種常見的病毒，大多數人身上都有，通常不引人注意，很少在一般正常人身上造成顯著疾病。

Cytotoxic cells. 細胞毒性細胞。一種免疫系統的細胞，對某些特定細胞具有毒殺性，例如癌細胞。

Decubitus ulcers. 褥瘡。皮膚穿孔，一般出現在老年病患身上，當體重壓在某個位置很久，會導致皮膚底層組織由於缺乏血液供應而死亡。

Dopamine agonist. 多巴胺催動劑。用於帕金森氏症，希望能減輕症狀。帕金森氏症患者會失去多巴胺神經元，多巴胺神經元使用多巴胺作為神經傳遞物。

Enzymes. 酶。又稱酵素，是一種生物催化劑，可加速細胞中的化學反應。細胞會製造三種蛋白：酶（進行細胞各種功能）、結構蛋白、激素（荷爾蒙）蛋白。

Eosinophils. 嗜酸性球。一種白血球，負責防治寄生蟲和其他感染（見「肥大細胞 mast cell」）。

Farnesyltransferase inhibitors. 脂肪酸轉移酶抑制劑。用於限制脂肪酸轉移酶活性的藥物。為兒童早衰症潛在的治療方式。

Fibroblast. 纖維母細胞。是人體中最常見，類型也最廣泛的細胞。會形成膠原、彈性蛋白及其他細胞外蛋白質。還可形成其他細胞（如脂肪細胞）、結締組織，並修復組織損傷。

Free radical. 自由基。一個缺少成對電子的原子、分子或離子。自由基具有高活性，易引起氧化損傷。

Glial cells. 神經膠細胞。一種腦部和周圍神經系統的非神經元細胞，維護、支持（包括代謝性和物理性）和保護神經元（神經細胞）。可能與引發阿茲海默症有關。

Hematopoietic cells. 造血幹細胞。一種人體細胞（包括幹細胞），形成所有血液細胞。

Homocysteine. 高半胱胺酸。一種胺基酸，高濃度的高半胱胺酸，與造成心血管疾病的內皮細胞損傷、血管發炎、斑塊形成有關。

Hypercoagulation. 高凝血症。過量血液凝固。

Inflammatory biomarkers. 炎症生物標記物。在血液中發現的物質，濃度變高表示身體有發炎、感染疾病（「C 反應蛋白」就是一種炎症生物標記物）。

Insulin resistance. 胰島素阻抗。第 2 型糖尿病的典型問題，許多老年病患都有。細胞對胰島素的反應不正常，即使胰島素濃度正常也一樣。

Ischemia. 缺血。人體組織在某段時間缺乏足夠的血液供應，不能進行正常功能。缺血通常由血管問題所引起。心肌梗塞和腦中風是缺血的急性病例。

Isomerization. 異構化。許多複雜的分子即使化學結構相同，但可折疊成不同的結構。甚至在正常體溫下，這種現象可在人體自發性產生，經常會導致分子失去功能。

Keratinocytes. 角質細胞。皮膚表皮最常見的細胞種類，這些細胞組成皮膚外層，經常會脫落，並由最下層細胞表皮持續取代。

Leptin. 瘦素。控制脂肪沉積，抑制飢餓感的激素。

Leukocytes. 白血球。為免疫系統的初級細胞，循環遍及全身。

Liposome. 微脂粒。一種用脂質分子人工製造的「小袋子」，用以運輸藥物。

Lymphokine. 淋巴激素。一種細胞激素，由淋巴細胞所分泌，控制免疫系統的功能。

Mast cells. 肥大細胞。一種特殊的免疫細胞，經常與過敏發炎有關。

Metabolism. 代謝作用。細胞的化學反應，為細胞供應能量，創造和打破生物分子。代謝有兩部分：合成代謝是分子的創造；分解代謝是降解分子。

Methylation. 甲基化。DNA 的變化，用以控制基因表現。表觀遺傳變化常常依賴甲基化和類似變化。

Microglia. 微膠細胞。神經膠細胞，與巨噬細胞相似，可在神經系統中找到。此細胞老化會導致阿茲海默症。

Nucleotides. 核苷酸。DNA 遺傳密碼中的四種分子集合，這四種分子為：腺嘌呤、鳥糞嘌呤、胸腺嘧啶、胞嘧啶。

Oxidants. 氧化劑。化學物質的氧化，會奪走其他分子的電子。氧與鐵結合會形成鐵鏽，就是一種氧化。在人體生理學中，自由基會引起氧化，破壞細胞（見「自由基 free radical」）。

Peristaltic waves, peristalsis. 蠕動波、蠕動。食物會在消化道中移動，從食道移動到胃中，再經過腸道吸收，最後形成食物殘渣，此為消化道運動的過程。

Pluripotent stem cells. 多功能幹細胞。有能力形成人體任何細胞的幹細胞。

Proteoglycans. 蛋白多醣。一種複雜的物質，部分為蛋白質，部分為複雜的醣類，組成細胞外基質的部分。

Prothrombotic mutations. 前趨血栓突變。突變會導致血液過量凝結。

Restenosis. 再窄化。治療疏通動脈的堵塞之後，再度發生窄化（見「窄化 stenosis」）。

Resveratrol. 白藜蘆醇。一種常見的植物物質，存在於葡萄、藍莓、覆盆子、桑椹。已被吹捧可用於治療心臟疾病和癌症，有促進代謝、抗老化作用，但對於有益人類健康的證據有限。

Senescence. 衰老。生物性的老化。這個名詞通常用於細胞（相對於生物體而言）。

Somatic cells. 體細胞。所有形成生物體的細胞，相對於生殖細胞而言（即精子和卵子）。

Southern blot. 南方墨點法。實驗室用於分離、檢驗和測量 DNA 的方法。

Stenosis. 窄化。血管通道變窄，造成有限的血流通過。

Substantia nigra. 黑質。大腦深部腦核，控制動作，帕金森氏症病患的黑質通常是損壞的。

Synovial fluid. 滑液。關節空間（例如在膝蓋、髖、踝、腕、肘、肩關節所發現的粘性液體），可減少關節運動時界面之間的摩擦。

Tau proteins. Tau 蛋白。神經元中有許多 Tau 蛋白。阿茲海默症病

患經常發現有異常的 Tau 蛋白（tau 蛋白纏結）。

Telomeres. 端粒。染色體末端的 DNA 結構，會隨著每次的細胞分裂而縮短。

Thymus. 胸腺。一種特殊的免疫系統器官，是 T 細胞的發源處，屬於後天適應性免疫系統的一部分。

Tocopherols. 生育酚。一種脂溶性化合物，具有維生素 E 活性。生育酚是一群化合物，可通稱為維生素 E。

Umami. 鮮味。五種基本味道之一（還有酸、甜、苦、鹹）。人們常常形容鮮味為肉湯或海鮮的味道。

Viral vector. 病毒載體。用於運送治療性分子（基因等）的病毒。通常會除去病毒的內部，改置入藥物或治療性基因，只保留外部殼，以確保藥物或基因可以運輸進入標靶細胞。

國家圖書館出版品預行編目（CIP）資料

端粒酶革命：扭轉老化的關鍵 / 麥可.佛賽爾 (Michael Fossel)
　　作；筆鹿工作室譯. -- 初版. -- 新北市：世茂, 2017.03
　　　面；　公分. --(生活健康；B417)
　　譯自：The telomerase revolution : the enzyme that holds the
　　key to human aging ... and will soon lead to longer, healthier
　　lives
　　　ISBN 978-986-94251-0-0（平裝）

　　1.老化　2.反轉錄酶　3.基因表現

364.21　　　　　　　　　　　　　　　　　　105025088

生活健康 B417

端粒酶革命：扭轉老化的關鍵

作　　者／麥可‧佛賽爾（Michael Fossel）
審 訂 者／黃貞祥
譯　　者／筆鹿工作室
主　　編／陳文君
責任編輯／楊鈺儀
封面設計／戴佳琪（小痕跡設計）
出 版 者／世茂出版有限公司
地　　址／（231）新北市新店區民生路 19 號 5 樓
電　　話／（02）2218-3277
傳　　真／（02）2218-3239（訂書專線）
　　　　　（02）2218-7539
劃撥帳號／19911841
戶　　名／世茂出版有限公司　單次郵購總金額未滿 500 元（含），請加 50 元掛號費
世茂網站／www.coolbooks.com.tw
排版製版／辰皓國際出版製作有限公司
印　　刷／祥新印刷股份有限公司
初版一刷／2017 年 3 月
　　三刷／2018 年 12 月
Ｉ Ｓ Ｂ Ｎ／978-986-94251-0-0
定　　價／320 元